住房和城乡建设部"十四五"规划教材

高等职业教育土建施工类专业 BIM 系列教材

BIM 土建综合实务

黄素清　主　编

朱敏敏　　王晓华　　吴承启　**副主**编

夏玲涛　主　审

中国建筑工业出版社

图书在版编目（CIP）数据

BIM 土建综合实务 / 黄素清主编；朱敏敏等副主编
. — 北京：中国建筑工业出版社，2023.8
住房和城乡建设部"十四五"规划教材　高等职业教
育土建施工类专业 BIM 系列教材
ISBN 978-7-112-29025-3

Ⅰ. ①B… Ⅱ. ①黄… ②朱… Ⅲ. ①建筑设计-计算
机辅助设计-应用软件-高等职业教育-教材 Ⅳ.
①TU201.4

中国国家版本馆 CIP 数据核字（2023）第 147908 号

本教材采用真实案例——浙江省××学院图书馆编写，共分为 BIM 土建建模基础和 BIM 土建综合实务两大部分。第一部分对 BIM 基础概述、协同作业、Revit 基础、土建建模标准化的一般规定与流程进行了介绍。第二部分分为样板文件、结构建模、建筑建模和成果输出四个任务。另外，本教材还配备了活页部分，包括评价表、图面分析和能力拓展。

本教材适合高等职业院校土建类专业使用。

责任编辑：李天虹　李　阳
责任校对：芦欣甜

住房和城乡建设部"十四五"规划教材
高等职业教育土建施工类专业 BIM 系列教材

BIM 土建综合实务

黄素清　主　编
朱敏敏　王晓华　吴承启　副主编
夏玲涛　主　审

*

中国建筑工业出版社出版、发行（北京海淀三里河路 9 号）
各地新华书店、建筑书店经销
北京鸿文瀚海文化传媒有限公司制版
北京圣夫亚美印刷有限公司印刷

*

开本：787 毫米×1092 毫米　1/16　印张：12¼　字数：298 千字
2023 年 10 月第一版　　2023 年 10 月第一次印刷
定价：**39.00** 元（赠教师课件、附活页册）
ISBN 978-7-112-29025-3
（41761）

出版说明

党和国家高度重视教材建设。2016年，中办国办印发了《关于加强和改进新形势下大中小学教材建设的意见》，提出要健全国家教材制度。2019年12月，教育部牵头制定了《普通高等学校教材管理办法》和《职业院校教材管理办法》，旨在全面加强党的领导，切实提高教材建设的科学化水平，打造精品教材。住房和城乡建设部历来重视土建类学科专业教材建设，从"九五"开始组织部级规划教材立项工作，经过近30年的不断建设，规划教材提升了住房和城乡建设行业教材质量和认可度，出版了一系列精品教材，有效促进了行业部门引导专业教育，推动了行业高质量发展。

为进一步加强高等教育、职业教育住房和城乡建设领域学科专业教材建设工作，提高住房和城乡建设行业人才培养质量，2020年12月，住房和城乡建设部办公厅印发《关于申报高等教育职业教育住房和城乡建设领域学科专业"十四五"规划教材的通知》（建办人函〔2020〕656号），开展了住房和城乡建设部"十四五"规划教材选题的申报工作。经过专家评审和部人事司审核，512项选题列入住房和城乡建设领域学科专业"十四五"规划教材（简称规划教材）。2021年9月，住房和城乡建设部印发了《高等教育职业教育住房和城乡建设领域学科专业"十四五"规划教材选题的通知》（建人函〔2021〕36号）。为做好"十四五"规划教材的编写、审核、出版等工作，《通知》要求：（1）规划教材的编著者应依据《住房和城乡建设领域学科专业"十四五"规划教材申请书》（简称《申请书》）中的立项目标、申报依据、工作安排及进度，按时编写出高质量的教材；（2）规划教材编著者所在单位应履行《申请书》中的学校保证计划实施的主要条件，支持编著者按计划完成书稿编写工作；（3）高等学校土建类专业课程教材与教学资源专家委员会、全国住房和城乡建设职业教育教学指导委员会、住房和城乡建设部中等职业教育专业指导委员会应做好规划教材的指导、协调和审稿等工作，保证编写质量；（4）规划教材出版单位应积极配合，做好编辑、出版、发行等工作；（5）规划教材封面和书脊应标注"住房和城乡建设部'十四五'规划教材"字样和统一标识；（6）规划教材应在"十四五"期间完成出版，逾期不能完成的，不再作为《住房和城乡建设领域学科专业"十四五"规划教材》。

住房和城乡建设领域学科专业"十四五"规划教材的特点，一是重点以修订教育部、住房和城乡建设部"十二五""十三五"规划教材为主；二是严格按照专业标准规范要求编写，体现新发展理念；三是系列教材具有明显特点，满足不同层次和类型的学校专业教学要求；四是配备了数字资源，适应现代化教学的要求。规划教材的出版凝聚了作者、主审及编辑的心血，得到了有关院校、出版单位的大力支持，教材建设管理过程有严格保障。希望广大院校及各专业师生在选用、使用过程中，对规划教材的编写、出版质量进行反馈，以促进规划教材建设质量不断提高。

住房和城乡建设部"十四五"规划教材办公室

2021年11月

前　言

建筑业是国民经济的支柱产业，随着劳动力成本的不断提升和建造技术的不断发展，传统的建造模式亟待突破和升级。BIM 技术作为建筑业现代化和信息化改革的核心技术，近年来蓬勃发展。随着国家"十四五"规划有关"加快数字化发展，建设数字中国"的战略部署，建筑业对信息化的发展愈加重视，对作为数据载体的 BIM 技术加大了推广力度。BIM 技术的价值逐渐被广泛认可和接受，BIM 技术作为提升工程项目管理水平的核心竞争力技术之一，对当前的建筑业发展起到了极其重要的作用。

BIM 建模能力是 BIM 技术相关专业学生必须具备的重要基础能力之一。在校期间，通过 BIM 基础与实务及其他 BIM 建模相关课程作为载体进行学生的 BIM 基本概念养成和 BIM 建模能力训练。通过真实工程项目为背景案例，综合运用结构设计、建筑设计、建筑构造、建筑识图等知识，进行工程项目 BIM 建模技能的学习，同时验证、巩固、深化所学的专业理论知识和技能。

《BIM 土建综合实务》为住房和城乡建设部"十四五"规划教材，本系列教材还包括《BIM 基础与实务》《BIM 施工应用》《BIM 设备应用》《BIM 施工综合实务》《BIM 设备综合实务》等。

本教材采用真实工程案例——浙江省××学院图书馆。案例选取主要考虑类型的典型性、体量的大小和难易程度，能够满足 BIM 初学者的综合训练和能力提升要求。BIM 土建综合实务是 BIM 技术专业方向学生综合实践训练阶段的一个重要环节。以真实工程项目为载体，综合运用结构设计、建筑设计、建筑构造、建筑识图、BIM 建模技术等知识，进行工程项目的仿真操作，验证、巩固、深化所学的专业理论知识和技能，使学生在 BIM 建模、碰撞检查等方面的应用能力进一步得到综合提升，为学生顶岗提供实务操作技术。

教材内容分为 BIM 土建建模基础和 BIM 土建综合实务两大部分，基础部分简单介绍了 BIM 技术在土建建模的总体要求，实务部分根据建模步骤完成图书馆的结构建模和建筑建模及施工图出图和工程量统计。

教材的活页部分为评价表、图面分析及能力拓展等，此外教材也通过二维码提供教学PPT、微课及针对每一任务设置的习题等数字资源。以多种方式呈现教学内容，既为教师提供了丰富的上课资源，又帮助学生通过教材及数字资源的学习掌握土建综合建模的能力。

本书概述部分由浙江省建工集团有限责任公司 BIM 部门尹继刚工程师编写，结构建模部分由浙江建设职业技术学院朱敏敏编写，成果输出部分由浙江建设职业技术学院吴承启编写，课程活页的设计由浙江建设职业技术学院黄素清和西藏职业技术学院王晓华共同完成，其余部分的编写及全书统稿由黄素清完成。本教材所用模型由浙江省省直建筑设计院有限公司王馨锐制作提供，教材由浙江建设职业技术学院夏玲涛教授主持审核。

在本书编写过程中得到了浙江省建筑科学设计研究院、浙江省建工集团有限责任公司、浙江东南建筑设计有限公司、浙江大学建筑设计研究院有限公司等一线行业企业不少专家的技术支持，特此感谢。由于编者水平有限，本书不足之处在所难免，敬请读者批评指正。

| 目　录 |

第1篇　BIM 土建建模基础 ·· 001

1　BIM 基础概述 ··· 002
2　协同作业 ··· 004
3　Revit 基础 ··· 005
4　土建建模标准化的一般规定与流程 ································· 007

第2篇　BIM 土建综合实务 ·· 011

任务1　样板文件 ·· 013
  1.1　团队组建和前期准备 ·· 013
  1.2　土建样板文件的创建 ·· 014
  1.3　轴网与标高的创建 ·· 025

任务2　结构建模 ·· 032
  2.1　基础建模 ·· 033
  2.2　结构柱建模 ·· 040
  2.3　结构墙建模 ·· 047
  2.4　结构梁建模 ·· 051
  2.5　结构楼板建模 ·· 057
  2.6　结构楼梯与结构坡道 ·· 062

任务3　建筑建模 ·· 070
  3.1　建筑墙体的创建 ·· 071
  3.2　建筑门窗的创建 ·· 077
  3.3　建筑楼板的创建 ·· 085
  3.4　建筑楼梯的创建 ·· 092
  3.5　建筑坡道及零星构件的创建 ·································· 104

任务4　成果输出 ·· 109
  4.1　成果输出的类型与格式 ······································ 110
  4.2　建筑施工图 ·· 121
  4.3　结构施工图 ·· 141
  4.4　明细表制作 ·· 154

附：活页册

第1篇

BIM土建建模基础

学生资源

教师资源

1　BIM基础概述
2　协同作业
3　Revit基础
4　土建建模标准化的一般规定与流程

1　BIM 基础概述

1.1　BIM 技术的概念

BIM（建筑信息模型）不是简单地将数字信息进行集成，而是一种数字信息的应用，并可以用于勘察、规划、设计、施工、运维管理的数字化方法。这种方法支持建筑工程的集成管理环境，可以使建筑工程在其整个进程中显著提高效率、大量减少风险，有效控制成本。

BIM 技术是一种应用于工程设计建造管理的数据化工具，通过参数模型整合各种项目的相关信息，在项目策划、运行和维护的全生命周期过程中进行共享和传递，使工程技术人员对各种建筑信息作出正确理解和高效应对，为设计团队以及包括建筑运营单位在内的各方建设主体提供协同工作的基础，在提高生产效率、节约成本和缩短工期方面发挥重要作用。

1.2　BIM 技术的特点

BIM 技术主要有可视化、协调性、模拟性、优化性、可出图性、一体化性、参数化性、信息完备性八大特点。

（1）可视化

可视化即"所见所得"的形式，对于建筑行业来说，可视化即"所见所得"的形式，对于建筑行业带来的改变是巨大的，将以往线条式的构件形成一种三维的立体实物图形展示在人们面前。

（2）协调性

协调性是建筑业中的重点内容，不管是施工单位还是业主及设计单位，无不在做着协调及相配合的工作。一旦项目的实施过程中遇到了问题，就要将各有关人士组织起来开协调会，找各施工问题发生的原因及解决办法，然后出变更，做相应补救措施等来解决问题。在设计时，往往由于各专业设计师之间的沟通不到位而出现各种专业之间的碰撞问题，例如暖通等专业中的管道在进行布置时，由于施工图纸是各自绘制在各自的施工图纸上的，真正施工过程中，可能在布置管线时正好在此处有结构设计的梁等构件妨碍着管线的布置，这就是施工中常遇到的碰撞问题。BIM 的协调性服务就可以帮助处理这种问题，也就是说建筑信息模型可在建筑物建造前期对各专业的碰撞问题进行协调，生成协调数据。当然 BIM 的协调作用也并不是只能解决各专业间的碰撞问题，它还可以解决例如：电梯井布置与其他设计布置及净空要求之协调，防火分区与其他设计布置之协调，地下排水布置与其他设计布置之协调等。

（3）模拟性

模拟性并不是只能模拟设计出的建筑物模型，BIM 的模拟性还可以模拟不能够在真实世界中进行操作的事物。在设计阶段，BIM 可以对设计上需要进行模拟的一些东西进行模拟实验，例如：节能模拟、紧急疏散模拟、日照模拟、热能传导模拟等；在招投标和施工阶段可以进行4D模拟（三维模型加项目的发展时间），也就是根据施工的组织设计模拟实际施工，从而确定合理的施工方案来指导施工。同时还可以进行5D模拟（基于3D模型的造价控制），从而实现成本控制；后期运营阶段可以模拟日常紧急情况的处理方式，例如地震人员逃生模拟及消防人员疏散模拟等。

（4）优化性

事实上整个设计、施工、运营的过程就是一个不断优化的过程，当然优化和BIM也不存在实质性的必然联系，但在BIM的基础上可以做更好的优化、更好地做优化。优化受三样东西的制约：信息、复杂程度和时间。没有准确的信息做不出合理的优化结果，BIM模型提供了建筑物的实际存在的信息，包括几何信息、物理信息、规则信息，还提供了建筑物变化以后的实际存在。复杂到一定程度，参与人员本身的能力无法掌握所有的信息，必须借助一定的科学技术和设备的帮助。现代建筑物的复杂程度大多超过参与人员本身的能力极限，BIM及与其配套的各种优化工具提供了对复杂项目进行优化的可能。基于BIM的优化可以做下面的工作：

① 项目方案优化：把项目设计和投资回报分析结合起来，设计变化对投资回报的影响可以实时计算出来；这样业主对设计方案的选择就不会主要停留在对形状的评价上，而更多地可以使得业主知道哪种项目设计方案更有利于自身的需求。

② 特殊项目的设计优化：例如裙楼、幕墙、屋顶、大空间到处可以看到异形设计，这些内容看起来占整个建筑的比例不大，但是占投资和工作量的比例却往往很大，通常也是施工难度比较大和施工问题比较多的地方，对这些内容的设计施工方案进行优化，可以带来显著的工期和造价改进。

（5）可出图性

BIM并不是为了出大家日常多见的建筑设计院所出的建筑设计图纸，及一些构件加工的图纸。而是通过对建筑物进行可视化展示、协调、模拟、优化以后，可以帮助业主出如下图纸：

① 综合管线图（经过碰撞检查和设计修改，消除了相应错误以后）；

② 综合结构留洞图（预埋套管图）；

③ 碰撞检查侦错报告和建议改进方案。

（6）一体化性

基于BIM技术可进行从设计到施工再到运营贯穿工程项目的全生命周期的一体化管理。BIM的技术核心是一个由计算机三维模型所形成的数据库，不仅包含了建筑的设计信息，而且可以容纳从设计到建成使用，甚至是使用周期终结的全过程信息。

（7）参数化性

参数化建模指的是通过参数而不是数字建立和分析模型，简单地改变模型中的参数值就能建立和分析新的模型；BIM中图元是以构件的形式出现，这些构件之间的不同，是通过参数的调整反映出来的，参数保存了图元作为数字化建筑构件的所有信息。

（8）信息完备性

信息完备性体现在BIM技术可对工程对象进行3D几何信息和拓扑关系的描述以及完整的工程信息描述。

1.3 BIM 技术应用点

BIM 技术可以应用于：勘察、规划、设计、施工、运维管理。各个阶段与各个专业相互交错关联，数据信息相互共享相互贯通，可以在建筑全生命周期中实现协同工作。

BIM 技术主要应用点：日照分析、通风系统模拟、热能环境模拟、受风力及流体力学模拟、管线综合、碰撞检查、施工进度模拟、施工方案模拟、施工现场质量与安全管理、深化设计、工程量统计、竣工模型构建与运维数据传递等。

1.4 BIM 土建建模的工作内容与流程

土建建模主要分为五个步骤：建立土建建模标准、土建样板文件创建、土建建模、建筑结构协同作业、成果输出。

土建建模大体可以分为结构建模与建筑建模，建模流程分别如下：

结构建模主要流程：基础建模、结构柱建模、结构墙建模、结构梁建模、结构楼梯建模、结构坡道建模、结构屋顶建模。

建筑建模主要流程：建筑墙建模、门窗建模、建筑楼板建模、建筑楼梯建模、其他建筑建模。

2 协同作业

BIM 技术的协同作业可以建立共同标准和环境，确保建置作业是依据准则执行的，同时预防错误，通过制订协作准则使模型一次建置正确，提升后续整合效率。通过模型拆分达到以下目的：

（1）多用户访问；

（2）提高大型项目的操作效率；

（3）实现不同专业间的制作。

同时以 BIM 模型为中心，开展多专业的协同设计，贯穿整个设计流程，对整个项目的质量和成本进行把控，保证信息的全生命周期有效传递。

2.1 协同准备工作

BIM 技术是一套整体性的信息管理系统，通过平面图、效果图、建筑模型等各种信息和相关软件的结合，能够对建筑物的能耗、折旧、安全性等进行预测，BIM 对于建筑项目的整体把控，有一种非常明显的促进和简化作用。而这其中，协同合作建立标准原则至关重要，把 BIM 运用到实际项目，协同合作能够极大提升效率，对于整个项目都非常有效。

人员在 Revit 工作模式下一般有两种协同方式：方式一，文件链接模式协同；方式二，中心文件＋工作集模式协同。

2.2 链接文件协同

链接模式也称为外部参照，用 CAD 的时候我们会使用外部参照的方式，链接就相当于外部参照。通过链接的方式把其他专业的图纸参照过来，可以依据需要随时加载模型文件，各专业之间的调整相对独立，尤其是对于大型模型在协同工作时，性能表现较好，特别是在软件的操作响应上。

2.3 工作集协同

工作集模式也称为中心文件方式，根据各专业的参与人员及专业性质确定权限，划分工作范围，各自工作，将成果汇总至中心文件（中心文件通常存放在共享文件服务器上），同时在各成员处有一个中心文件的实时镜像，可查看同伴的工作进度。这种多专业共用模型的方式对模型进行集中储存，数据交换的及时性强，但对服务器配置要求较高。

3 Revit 基础

本书建模基于 Revit 2018 软件进行，因此章节的工作标准及工作流程也是基于此软件展开讲述。

3.1 BIM 图元

BIM 图元是模型的基础组成部分，应通过 BIM 图元创建 BIM 构件。图元具有重用性特点，包括三维图元、二维图元、组件、图块等。一般情况下，图元是未被实例化的建筑对象，它是建筑对象的规则描述，图元确定了某个建筑对象的参数条件，当参数确定时以构件的形式成为模型实例。族是 Revit 软件的特殊内容，其本质就是 BIM 图元。

3.2 BIM 构件

BIM 构件是 BIM 图元在模型中的实例，BIM 构件的创建应以 BIM 图元为模板。BIM 构件包括单个构件和构件组合（单专业模型、专业构件模型、多专业组合模型）。BIM 构件基于 BIM 图元创建，确定了 BIM 图元中的参数值和限制条件值，实例化存在于模型中。

每个构件应具有唯一的编号。构件编号可以在整个项目过程中根据需要对其予以识别，例如全局唯一标识符 GUID。如果构件在不同阶段需要进行修改编辑，应保留原有的 GUID 标识编号；对于删除的构件，构件唯一标识编号应一直保留。

3.3 属性设置

BIM 图元和 BIM 构件的属性设置应在模型创建时同步进行。模型创建前应明确信息需求，在创建 BIM 图元和 BIM 构件的过程中，应同步设置属性信息，保证信息需求得到落实，不应先完成模型创建再集中输入模型信息。

3.4 BIM 视图

BIM 视图是信息交互的重要载体，BIM 视图应包括从模型中生成的平面图、立面图、剖面图、详图、三维可视化图形、数据表格等内容。BIM 视图是由 BIM 构件组成的整体或部分模型经切割、剖断、展开及视角定位构成的图形，及通过对 BIM 构件中建筑对象信息的提取、抽离、简单计算形成的图表。

BIM 视图所表达的内容及实例对象应来源于 BIM 构件的几何表现特征，BIM 视图应与模型联动。BIM 视图中表达构件的图例，应采用构件的替代表达实现；标签与注释信息应来源于 BIM 构件的非几何信息；图表中的尺寸信息应来源于 BIM 构件的几何信息。

3.5 成果输出

BIM 图纸应经过对 BIM 视图的整理编辑、排版组合形成，并应包含图框、图签、签章、打印设定等。为符合出图标准，在 BIM 视图的基础上，进行线性线宽设定、视图排布、灰度调节、图纸排序，形成 BIM 图纸。编制图纸前应检查 BIM 视图及相关信息的完整性和准确性。

BIM 图纸的编制应在模型环境中进行。为保证数据的关联性，BIM 图纸的编制宜在模型环境中进行。如果将视图输出到 CAD 环境中，使用二维制图工具进行编辑和注释，会丧失 BIM 图纸与 BIM 视图的关联关系。在 BIM 视图内容发生变化时，需要将导出内容与 BIM 视图内容协调统一。无论采用哪种方法，应避免在 BIM 图纸中对模型内容做修改。

3.6 模型组织

3.6.1 模型拆分

1. 按专业分类拆分

按照专业分类划分成不同子文件夹。其中外立面幕墙、采光顶、导向标识将作为子专业分离出来，相关模型保存在对应文件夹中。各拆分模型之间不得有重复构件。

2. 按楼层拆分

基于专业划分的基础上，要求每层单独拆分为一个文件。各拆分模型之间不得有重复构件。

3. 子模型

根据阶段、用途、专业划分子模型，子模型应能够独立进行 BIM 应用，各子模型应相对独立，模型内容可有重复使用。

3.6.2 模型整合

1. 按专业整合

对应于每个专业，整合所有业态和楼层的模型，便于各专业进行整体分析和研究。

2. 按施工顺序整合

按实际施工顺序一步步整合模型，便于排查项目实施过程中可能出现的问题。

3. 项目完整模型

将各专业的整合模型组合至一个完整模型中，以用于项目综合分析。

3.6.3 模型轻量化

1. 模型清理

为了减少 Revit 文件的大小以及删除多余的信息，在模型交付的时候，需要对 Revit 文件进行清理。模型清理包含两个方面：外部链接文件和内部多余的族构件、模板等。文件大小原则上不能超过 200M。

2. 构件属性轻量化

Revit 模型中提供必要的族类型编码、构件编码和符合本标准信息粒度要求的属性，与具体应用相关的属性信息以及构件-信息关联表建立在一体化平台中，从而实现 Revit 模型轻量化。

4 土建建模标准化的一般规定与流程

为满足 BIM 模型各专业之间的交互以及模型的标准化，需制定建模标准。

4.1 模型规划原则

针对模型建模过程，对项目基点、定位、方位、模型单位、坐标系统及高程系统进行说明及明确要求。项目中所有模型应使用统一的单位与度量制。

4.1.1 项目基点和定位

基点：根据项目约定，选取平面图纸中合适位置（A 轴和 1 轴交点）作为项目基点或者将 Revit 中项目基点调整为平面图纸中定位坐标数值。

定位：建立项目统一轴网、标高的基础文件，各工作模型参照此文件进行定位。

4.1.2 方位

模型方位与建筑平面图方位一致。当场地方位与建筑方位不一致时，在整合模型中需要保存共享坐标。

4.1.3 项目信息

利用管理选项卡中的项目信息进行设置。

4.1.4 单位

项目中所有模型均应使用统一的单位与度量制。默认的项目单位为毫米（带 2 位小数），用于显示临时尺寸精度。

标注尺寸样式默认为毫米，带 0 位小数，因此临时尺寸显示为 3000.00（项目设置），而尺寸标注则显示为 3000（尺寸样式）。

4.2 命名规定

4.2.1 文件命名规则

1. 文件命名以简要描述文件内容，简短明了为原则；
2. 命名方式应有一定的规律；
3. 可用中文、英文、数字等计算机操作系统允许的字符；
4. 不要使用空格；
5. 可使用字母大小写方式、中横线或下横线来隔开单词。

4.2.2 模型文件命名

模型文件分为：标准模型文件、项目模型文件、整合模型文件以及定位文件，各模型文件命名规则如下：

1. 标准模型文件命名用 3 字段来表示，字段之间用"-"隔离，每个字段不限长度，具体表示为：

专业代码-楼层代码-子系统（可选）. 文件后缀名

2. 项目模型文件命名用 5 字段来表示，字段之间用"-"隔离，每个字段不限长度，具体表示为：

项目名称-区域名称（可选）-专业代码-楼层代码-子系统（可选）. 文件后缀名

3. 整合模型文件命名用多个字段来表示，字段之间用"-"隔离，每个字段不限长度，具体表示为：

项目名称-区域名称（可选）-专业代码-ALL. 文件后缀名

举例：

（1）按专业整合模型文件命名举例

文件名：浙江建院-图书馆-ARC-ALL. rvt

表示：浙江建院-图书馆-建筑专业-汇总模型

（2）项目完整整合模型命名举例

文件名：浙江建院-ALL. rvt

表示：浙江建院-汇总模型

4. 定位文件命名：各单体模型均采用同一个轴网定位文件。

文件命名举例：

文件名：浙江建院-图书馆-AXIS. rvt

表示：浙江建院-图书馆-轴网（包括楼层标高）

4.2.3 模型存储架构及命名

为了项目协同工作的需要，建立工作、共享、发布、归档、接收五个第一级的文件夹架构，每个文件夹下面再按照模型拆分方法分专业分系统搭建文件夹结构，项目文件夹结构和命名方式可采用如下方式，在实际项目也可根据项目实际情况进行调整。

- 📁 项目名称（Project Name）
  - 📁 工作（WIP）工作文件夹
    - 📁 BIM 模型（BIM Models）BIM 设计模型
      - 📁 建筑（Architecture）建筑专业
        - 📁 1 层/A 区等（F01/Zone A）视模型拆分方法而定
        - 📁 2 层/B 区等（F02/Zone B）
        - 📁 n 层/n 区等（Fn/Zone n）
      - 📁 结构（Structure）结构专业
        - 📁 1 层/A 区等（F01/Zone A）视模型拆分方法而定
        - 📁 2 层/B 区等（F02/Zone B）
        - 📁 n 层/n 区等（Fn/Zone n）
      - 📁 安装（MEP）安装专业
        - 📁 1 层/A 区等（F01/Zone A）视模型拆分方法而定
        - 📁 2 层/B 区等（F02/Zone B）
        - 📁 n 层/n 区等（Fn/Zone n）
  - 📁 出图（Sheet Files）基于 BIM 模型导出的 dwg 图纸
  - 📁 输出（Export）输出给其他分析软件使用的模型
  - 📁 结构分析模型
  - 📁 建筑性能分析模型

4.2.4 构件命名规则

构件命名的原则与文件命名和模型命名一样，需要简单易懂。字段与子字段之间可用短横线或者下横线分开。一般而言需要表达清楚构件类型、材质以及几何特征。

4.3 模型表达规则

为了方便项目参与各方协同工作时易于理解模型的组成，特别是安装模型系统较多，通过对不同专业和系统模型赋予不同的模型颜色，将有利于直观快速识别模型。

一般而言土建模型的着色方案并没有强制性或者统一的要求，可以根据企业或者项目要求进行设置，如我们根据表 4.3-1 设置过滤器系统颜色。

土建系统颜色设置　　　　　　　　　　　　　　　表 4.3-1

名称	系统代号	系统颜色(红/绿/蓝)
柱	COLU	255,255,0
梁	BEAM	0,255,255

名称	系统代号	系统颜色(红/绿/蓝)
板	SLAB	0,255,255
结构墙	SWAL	255,255,0
建筑墙	AWAL	134,232,242
门	DOOR	152,236,122
窗	WINDOW	220,237,165
幕墙	MQ	127,159,255

第 2 篇
BIM土建综合实务

任务1　样板文件
任务2　结构建模
任务3　建筑建模
任务4　成果输出

本次实训任务来自于真实案例，读者在建模前应了解工程概况及训练内容并做好建模规划，图纸在本教材配套数字资源中获取。

🔗 项目概况

项目位于浙江上虞，为浙江省××学院图书馆地下室，建筑面积共计 $3673.89\mathrm{m}^2$。

📖 BIM训练内容

依据图书馆地下室 CAD 施工图电子版，搭建图书馆地下室的建筑、结构 BIM 模型。完成后的模型应分别提供各专业模型、碰撞前原始模型、优化后总模型及施工图图纸、明细表等成果。

📋 BIM实施计划

组建团队，制定整体计划，适用统一标准，保证每项任务按要求按节点完成，并提交相应成果，供团队和教师进行审阅，及时做出调整。

📅 模型展示

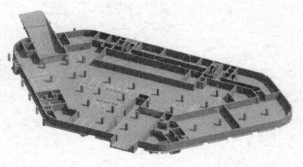
建筑模型

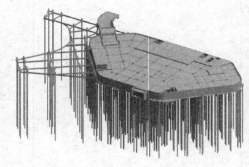
结构模型

任务1　样板文件

任务书

1. 完成课前测，并根据课前测成绩在老师的指导下完成分组。
2. 在老师的指导下完成作业 1.1 和作业 1.2。
3. 按时完成"土建样板文件"的创建。
4. 按时完成"图书馆-土建"样板文件的创建。
5. 按时提交"任务 1　评价表"。
6. 根据教师反馈表及时修改模型。

任务 1 作业

工作准备

1. 20 分钟内完成课前测，并在老师指导下完成分组和组长的推选，提交分组名单。
2. 阅读建筑信息模型相关的标准，完成作业 1.1。
3. 根据图纸，完成本项目概况以及标高轴网的认识，并完成作业 1.2。
4. 完成本次建模任务后且在下次任务开始之前提交"任务 1　评价表"。

1.1　团队组建和前期准备

1. 团队组建与合作

BIM 工作是需要多方协同完成的团队工作，"三人行必有我师焉"，在本实务实训课程中，同学们需要组成团队，通力合作，互相学习，才能顺利完成任务。

组队的原则为每队由三人组成，根据课前测的结果，在教师的指导下进行组队，并推选组长一名。

本项目为图书馆的地下室土建模型，要求每位同学都能独立完成全部模型的创建。在建模过程中遇到问题应在团队内部进行充分的讨论与沟通，如仍旧得不到解决则应及时向指导老师提问，记录问题和解决原理与方法。

除了建模技能，同学们还需要深耕相关的理论知识，完成各项作业，这些作业有些是需要以同学的个人名义提交的，有些则是需要以小组的名义提交的，不管是哪种类型的作业，在完成的过程中都应在组内进行积极充分的讨论。

2. 标准准备

当前正式发布的关于建筑信息模型（BIM）的国家及行业标准共有 6 部，见表 1.1-1，大家可以到图书馆借阅也可以通过网络查询阅读，并根据标准完成作业 1.1。

建筑信息模型相关标准　　　　　　　　　　　　表 1.1-1

序号	标准名	标准号
1	建筑信息模型应用统一标准	GB/T 51212—2016

序号	标准名	标准号
2	建筑信息模型分类和编码标准	GB/T 51269—2017
3	建筑信息模型施工应用标准	GB/T 51235—2017
4	建筑信息模型设计交付标准	GB/T 51301—2018
5	建筑工程设计信息模型制图标准	JGJ/T 448—2018
6	建筑信息模型存储标准	GB/T 51447—2021

3. 图纸准备

建模是专业知识的一次综合应用过程，识图和图纸处理能力尤为重要，在每次任务开始前均应认真阅读图纸，并根据制图相关规则完成作业 1.2。

4. 标准化建模准备

通过第 1 篇的学习以及标准的学习，我们应该明白建模是有标准可依且应依标准要求建模，在本项目中重点对以下几点做出统一规定：

（1）建模精细度

本次建模阶段属于施工图设计阶段，其模型精细度根据《建筑信息模型设计交付标准》GB/T 51301—2018 确定为 LOD3.0，其构件的几何表达精度和信息深度均应按照标准要求进行创建。

（2）文件命名

除了标高轴网文件外，其余过程文件均应符合三字段命名法，即"项目名称-专业代码-序号"，如建筑墙体文件保存为"TSG-A-01"，而完成的文件则用"项目名称-土建-组号-学号-名称"保存。

（3）构件命名

建筑专业和结构专业都有的构件，如墙体、楼板、柱子等，为了专业有所区分，则建筑构件前面加"建筑"二字，如 200mm 厚的砌体填充墙则可命名为"建筑墙体-砌体-200"，其余的参照前文"土建建模标准化的一般规定与流程"要求进行设置。

在此仅根据同学们的学习习惯和建模过程中的常见问题而特别提出这三点标准化建模规定，其余的请大家参照基础部分的要求进行模型创建，逐步培养个人的职业素养，朝着职业人迈进标准化、规范化的一步。

1.2 土建样板文件的创建

从前面的章节可以得知为了高效、标准化地建模，一个团队或一个项目必须要有统一的样板文件，一般而言样板文件会以专业进行分类，而对于体量较小的土建项目，建筑、结构既可以分模也可以合模。本项目由于体量相对较小，如果应用一个样板，经过一定的预设之后，既能满足专业拆分的要求，还能在查询不同专业模型时无需切换文件。

1. 创建土建样板文件

在初始界面中点击"新建"，如图 1.2-1 所示，选中"项目样板"选项，并以软件自带的样板文件"建筑样板"为基础新建一个项目样板文件，命名为"土建样板"并保存（图 1.2-2）。

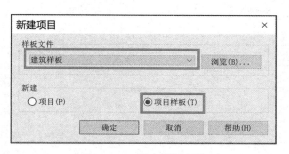

创建土建样板文件

图 1.2-1　新建样板文件

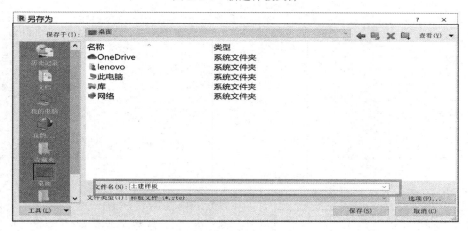

图 1.2-2　存为"土建样板"样板文件

2. 添加项目参数

如前所述，一个文件两个专业分开建模，则需要两套视图，对于这两套视图，情况不同，创建方法也不同。而本项目主要通过设置视图的项目参数来达到此目的。

我们需要添加两个项目参数，分别为"父视图"和"子视图"，见图 1.2-3，点击"管理"/"项目参数"，进入"项目参数"对话框，新建参数并命名为"父视图"，接着选定新建项目参数"父视图"进入"修改"的"参数属性"设置对话框（图 1.2-4）。

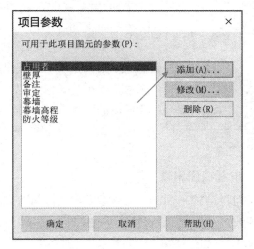

添加项目参数

图 1.2-3　添加项目参数

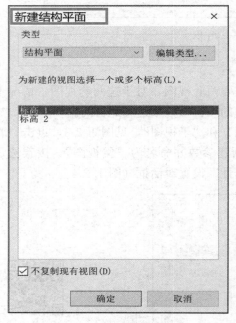

图 1.2-4 项目参数"父视图"属性设置

参数的属性需要注意三点,其一本参数为实例参数,其二"参数类型"和"参数分组方式"均选"文字",其三类别选为"视图"。按下"确定"按钮完成"父视图"的编辑。用同样的方法新建和编辑项目参数"子视图"。

3. 新建结构平面视图

在默认的建筑样板文件中项目浏览器没有结构平面图,但其仅是没有显示,并非没有设置,因此我们可以通过点击"视图"/"平面视图"/"结构平面"视图,如图 1.2-5 所示新建各标高的结构平面视图。

原文件中立面图、三维图仅有一套,并没有建筑、结构之分,因此需要通过"复制视图"的方法获得另一套,如图 1.2-6 所示。三维图不仅需要根据专业来分别显示模型,还需要能同时显示建筑和结构模型的视图,因此三维图需要复制两次。

图 1.2-5 新建结构平面视图

新建结构平面视图

4. 设置视图属性

我们将结构平面的"父视图""子视图"属性分别设为"土建建模"和"结构",同样方法将楼层平面的"父视图""子视图"属性分别设为"土建建模"和"建筑",如图 1.2-7 所示。

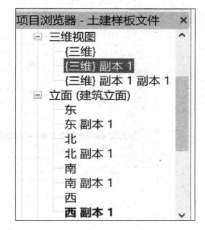

图 1.2-6　新建立面和三维视图

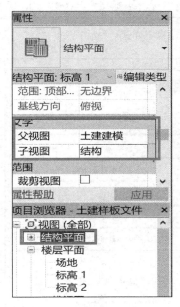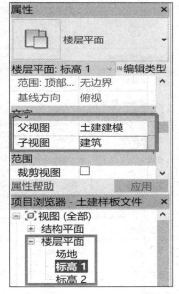

设置视图属性

图 1.2-7　视图属性设置

　　两套立面图也用同样的方法设置属性。"父视图"均设置为"土建建模","子视图"则分别设置为"建筑"和"结构"两种。而三维图为了方便查看总体情况把第三个三维图的"子视图"设为"土建"。

5. 项目浏览器设置

　　此时的视图还是混乱无序,要想有序排列视图并且达到分专业显示的效果,需要对视图的排列方式进行设置。点击"视图"/"用户界面"/"浏览器组织",并新建一个名为"图书馆"的浏览器组织。

　　如图 1.2-8 所示,点击"确定"之后对此样式进行下一步属性编辑。选中新建的"图书馆"浏览器组织,点击"编辑"进入属性设置,在"过滤"编辑器中使用默认方式即可，而"成组和排序"具体设置见图 1.2-9，其顺序依次是"父视图""子视图""族与类型""视图名称"。

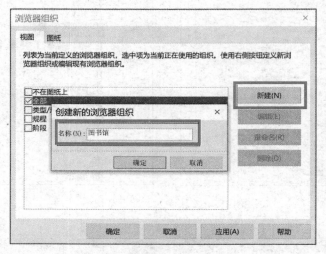

图 1.2-8　新建视图样式

项目浏览器设置

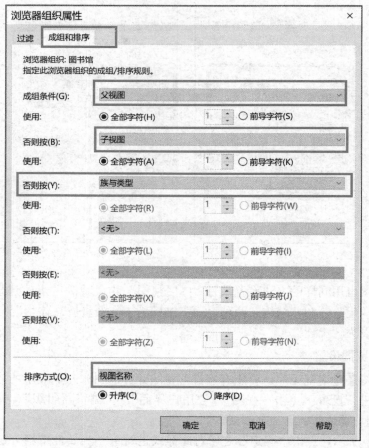

图 1.2-9　浏览器组织属性-成组和排序

对"图书馆"浏览器组织设置完成后，选中该样式，按下"确定"按钮选择其为当前应用。项目浏览器中视图的排序则满足了分专业、有序的要求。（其中出现"???"的视图表示未进行视图属性设置，在建模后期根据实际情况可以进行删除或者修改。）

项目浏览器的设置已经基本完成了，还有一些细节问题需要继续修改，如立面图的名称是"立面（建筑立面）"，即使是在结构子视图下依旧如此，对此可以在立面图的类型属性设置下进行修改。具体操作过程为选中其中一个立面，如南立面，进入属性设置，新建一个立面并更改其类型为"结构立面"，其他三个立面的类型则可以直接更改为"结构立面"，具体操作可见图 1.2-10；复制得到的视图，若其名称后面带有"副本"等字，则选中对象后按右键选择"重命名"即可，完成后的项目浏览器如图 1.2-11 所示。

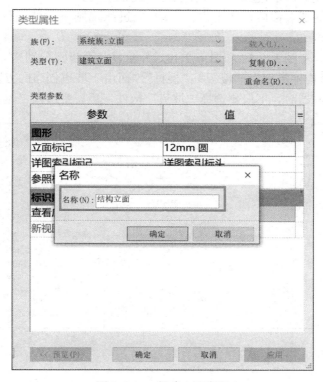

图 1.2-10　新建立面类型

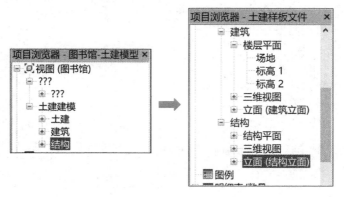

图 1.2-11　图书馆项目浏览器

6. 过滤器设置

在建筑和结构专业建模中，两者均可创建墙体、柱子、楼板、楼梯、坡道、屋顶等构件，为了有效地把两者分开，首先在命名上就有所区分，一般而言这些构件前面会加"建筑"二字，如建筑专业的墙体可以命名"建筑墙"等，然后可以创建一个过滤器，以便根据图元参数修改视图中图元的可见性和图形。过滤器是视图专有的，可以创建一个过滤器，并将其应用于多个视图，也可以创建多个过滤器应用于一个视图。

首先点击"视图"/"过滤器"即可进入过滤器设置样板，也可以通过视图的"可见性/图形替换"进入过滤器设置，方法不限。

其次点击"新建"一个过滤器，并命名为"建筑墙"。

最后确定了过滤器名称后，选中构件"墙"，过滤规则中过滤条件选择"类型名称""包含""建筑"即可。

以上几步可以参考图1.2-12和图1.2-13，并重复前面步骤分别建立"建筑楼板""建筑楼梯"，分别选择构件类别为"楼板""楼梯"。而由于坡道创建的方法较多，因此在新建"建筑坡道"过滤器时，不仅要选择"坡道"构件，还需要选择"体量"和"楼板"。

过滤器设置

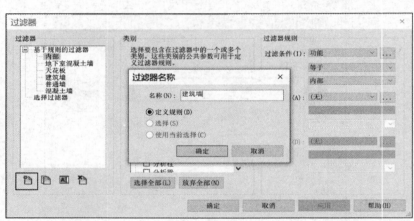

图1.2-12　新建过滤器

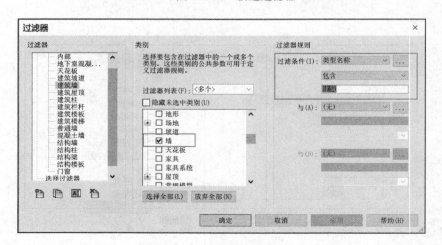

图1.2-13　建筑墙过滤器设置

结构构件过滤器的设置原则与建筑构件相同，只是过滤条件中包含的类型名称应该是"结构"或者"混凝土"或结施中有别于建筑构件特征的词语，应具体情况具体分析。

7. 视图样板设定

视图显示的设置方法有多种，比如较为常见的是在"可见性/图形替换"（此快捷键为"VV"，后文出现的"VV"则指代此命令）命令中设置，这个方法优点是灵活，缺点是多个视图下重复工作多，因此可以应用视图样板减少重复的工作量。

下文以楼层平面为例了解视图样板的具体操作。

首先打开其中一个楼层平面视图，如"标高1"楼层平面，在其属性面板中找到"视图样板"，点击"无"进入样板设置面板，选择"平面-楼层"样板（图1.2-14）。

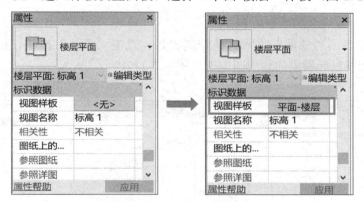

图 1.2-14　视图属性-视图样板

视图样板编辑器中，视图属性下面"包含"如果勾选上则该项属性按照样板的设置进行，不可另外调整，反之则可以在样板外面自由调整，视图显示如"详细程度""模型显示"等均可能根据实际情况调整，不应勾选上，而带有"V/G替换"系列的除了过滤器需要个别调整之外，同样类型的视图基本不再做改变，因此需要勾选上，如图1.2-15所示。

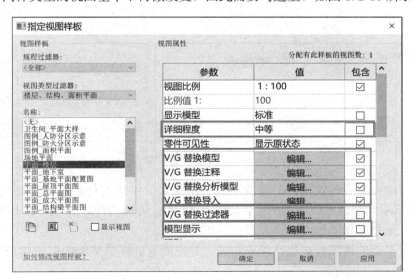

图 1.2-15　视图样板属性设置

点击"V/G替换模型"进入"VV"设置，如图1.2-16所示，勾选"建筑"与"结构"模型类别，并按下"确定"按钮再次回到视图样板属性设置编辑器。

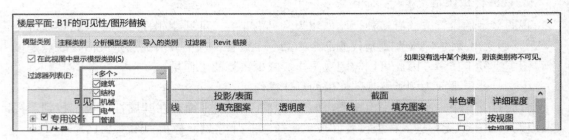

图1.2-16　图形可见性设置

点击"V/G替换过滤器"进入过滤器编辑器，点击"添加"按钮，把此前设置的所有建筑、结构构件过滤器添加到视图中来（图1.2-17）。

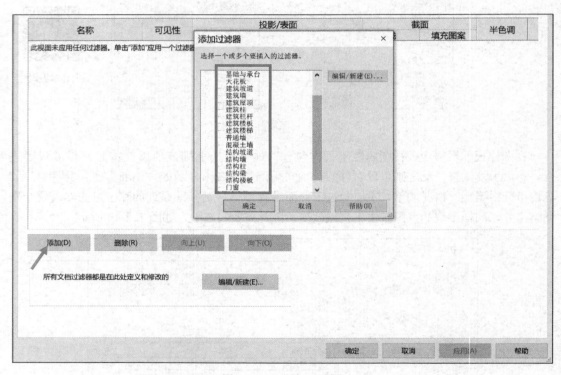

图1.2-17　添加过滤器

在过滤器中，所有建筑构件的过滤器设为可见，而结构构件的过滤器则设为不可见，如图1.2-18所示。在此必须注意的是，如果不想显示结构构件，并非不添加结构构件的过滤器即可，而是必须添加之后将其设为不可见。

此时楼层平面的视图样板属性设置完成，并把所有的楼层平面的视图样板都设为"平面-楼层"。

重复以上步骤，分别把建筑立面视图设为"立面"视图样板，建筑三维视图设为"建

平面-楼层的可见性/图形替换 ✕

模型类别　注释类别　分析模型类别　导入的类别　**过滤器**　Revit 链接

名称	可见性	投影/表面			截面		半色调
		线	填充图案	透明度	线	填充图案	
建筑墙	☑						☐
建筑柱	☑						☐
门窗	☑						☐
建筑楼板	☑						☐
建筑楼梯	☑						☐
建筑栏杆	☑						☐
建筑坡道	☑						☐
结构柱	☐						☐
结构梁	☐						☐
结构墙	☐						☐
结构楼板	☐						☐
结构坡道	☐						☐
基础与承台	☐						☐

图 1.2-18　建筑视图过滤器设置

筑演示三维"视图样板（图 1.2-19）。

图 1.2-19　建筑立面及建筑三维视图的视图样板

学习了建筑视图的视图样板设置之后，请读者在继续往下阅读之前思考一下，结构专业的视图样板设置和建筑专业的视图会有哪些不同？

根据显示的不同需求分析，结构专业的视图样板和建筑专业的视图样板主要不同之处在于过滤器的可见性设置，建筑专业的在过滤器中仅显示建筑构件，而结构专业的过滤器则仅显示结构构件，如图 1.2-20 所示。

和建筑专业视图样板一样的步骤方法，我们把结构平面、结构立面以及结构三维视图的视图样板分别设为"平面_结构"、"立面_结构"、"查看_三维结构"，如图 1.2-21 所示。

8. 族文件预设

建模前，通常需要把常见的族文件预先载入，可以省去后面在建模过程中不断重复载入族文件的时间和精力。

图 1.2-20 结构视图的过滤器设置

族文件预设

图 1.2-21 结构视图样板

由于样板文件是在"建筑样板"的基础上设置的，因此会缺少一些必需的结构族，我们需要把常用的结构构件族插入，如混凝土柱子、混凝土框架梁以及基础等。如图 1.2-22 所示，我们通过"插入"/"载入族"，找到族文件夹中"结构"/"柱"/"混凝土"文件夹中常见的族类型进行载入。

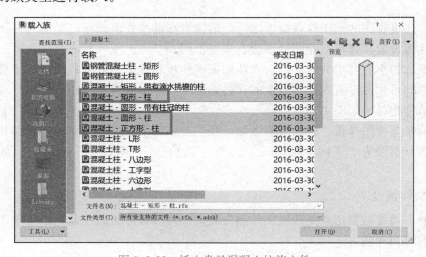

图 1.2-22 插入常见混凝土柱族文件

在这里需要注意的是，并不是插入的族越多越好，如"混凝土"族的结构柱并非需要载入所有的类型，而只需要常见的矩形、圆形、正方形即可，因为插入过多族会使得文件变大，运行变慢，且需要用到不常用的族时还可以在后期载入。

同理，我们还可以把常见的混凝土框架梁、混凝土基础等结构构件预先载入到样板文件。

土建的样板文件创建完成，保存文件，退出软件。

1.3 轴网与标高的创建

轴网与标高是最重要的基准图元，在建模之前，应对项目的轴网、标高信息做出整合规划并绘制。

1. 新建项目样板文件

用同上一节一样的方法新建样板文件，此项目样板文件基于"土建样板"文件创建，如图 1.3-1 所示，新建"项目样板"，样板文件点击浏览选择"土建样板"文件，并将其保存为"图书馆-土建样板"文件（图 1.3-2）。

新建项目样板文件

图 1.3-1　新建项目文件

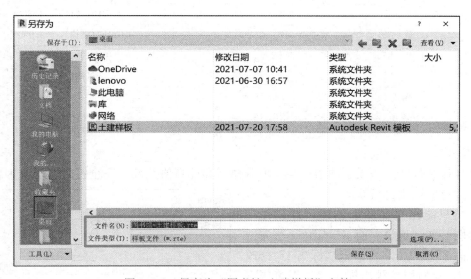

图 1.3-2　保存为"图书馆-土建样板"文件

2. 项目信息设置

模型方位与建筑平面图方位一致。当场地方位与建筑方位不一致时，在整合模型中需要保存共享坐标。

项目信息设置

点击"管理"/"项目信息"设置本项目的主要信息，具体要求如下：
（1）项目发布日期：2019-04-10
（2）客户名称：浙江省××学院
（3）项目地址：浙江省上虞经济开发区
（4）项目名称：图书馆
（5）项目编号：1829007-001

项目中所有模型均应使用统一的单位与度量制。默认的项目单位为毫米（带 2 位小数），用于显示临时尺寸精度。

3. 创建标高

标高是创建平面视图的主要依据，而标高创建的依据则是施工图纸。

（1）提取标高值

通过作业 1.2 的练习，相信读者已经找到了最合适的图纸查找标高，并能正确得出各标高值。

建筑标高是建筑构件确定高度和空间信息的主要依据，而结构标高是结构构件确定高度和空间的主要依据，因此我们既需要建筑标高也需要结构标高。建模中建筑标高的命名见前文，结构标高的命名在标高名称后面加 S，如第一层建筑标高命名为"F1"，而其对应的结构标高为"F1S"。本次建模为了和图纸标高名称一致，也可以在结构标高后面加"（结构）"，如表 1.3-1 所示。

图书馆各层标高 表 1.3-1

序号	楼层	建筑标高	结构标高
1	地下室	B1F，−4.200	B1F(结构)，−4.300
2	第一层	F1，±0.000	F1(结构)，−0.050
3	第二层	F2，5.400	F2(结构)，5.350
4	第三层	F3，9.900	F3(结构)，9.850
5	第四层	F4，14.400	F4(结构)，14.350
6	屋顶	RF，18.900	RF(结构)，18.850

（2）修改原有标高

原样板文件已经预设了两根标高，但其命名和标高值并没有完全符合要求，因此我们可以对原有的标高进行修改。

标高只能在立面图上创建，打开任一个立面图，如"建筑立面-南立面"，首先选中"标高 1"，点击名称，把"标高 1"修改为"F1"，这时屏幕跳出提示"是否希望重命名相应视图"（图 1.3-3），点击"是"。

图 1.3-3　修改标高名称的提示

用同样方法把"标高 2"修改为"F2",点击"F2"的标高值"4.000",修改为"5.400"。也可以通过修改临时标高的临时尺寸标注进行修改,值得注意的是两个地方的单位是不同的。

(3) 创建新标高

根据表 1.3-1 可知我们共需 12 根标高,因此还需创建 10 根标高。创建标高的方法较多,较为方便的是利用原有标高进行绘制,这里将以标高值最低的 B1F(结构)为例具体说明其操作方法与步骤。

在立面视图上,输入命令"LL"(也可以通过鼠标进入标高命令,如"建筑"/"标高"等),进入命令的绘制状态,然后选择"拾取线"的绘制方式,接着在选项栏中"偏移"一项输入 4300,鼠标移到"F1"标高线偏下,出现蓝色虚线时单击鼠标,即可获得新标高,如图 1.3-4 所示。修改其名称,并重复以上步骤创建其余 9 根标高。

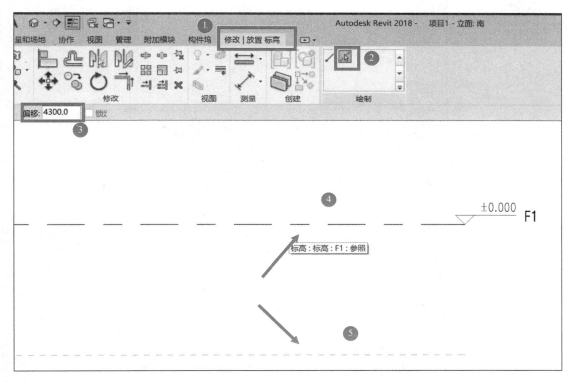

图 1.3-4　创建新标高

(4) 编辑标高显示

由于结构标高和建筑标高仅相差 50～100mm,如果标头都在一侧,会使得图面重叠不干净,处理方法是手工调整标头。但是我们共有 8 个立面视图,调整工作量较大,因此可以选中结构标高复制新的标高类型,命名为"上标头 结构",把其"端点 1 处的默认符号"勾选上,去掉"端点 2 处的默认符号"勾选(图 1.3-5),则和原标高类型"上标头"标头显示相反。把所有结构标高都改为此种类型,则 8 个立面的标高显示都随着改过来,无需逐一修改。完成之后如图 1.3-6 所示。

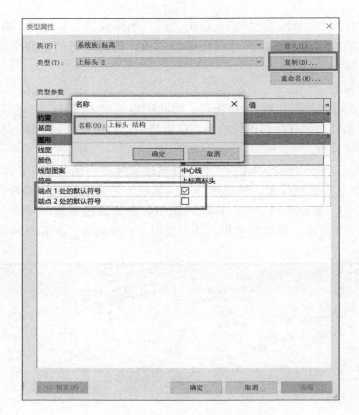

创建标高-1

创建标高-2

图 1.3-5　新建标头类型

图 1.3-6　立面标高显示样式

（5）修改相应平面视图属性

平面视图是由标高生成的，创建和修改了标高之后平面视图也跟着发生变化。修改平面视图首先可以删除多余的视图。由于结构视图显示的结构构件依据的是结构标高，所以凡是建筑标高生成的结构平面图均删除，同样楼层平面图显示的建筑构件，凡是结构标高生成的楼层平面图均删除。

其次更改视图的属性，根据前文可知，结构平面视图的"父视图"和"子视图"分别设为"土建建模"和"结构"，而楼层平面视图的"父视图"和"子视图"则分别设为"土建建模"和"建筑"。

完成后浏览器的"建筑"和"结构"平面视图显示如图1.3-7所示。创建标高的任务至此全部完成。

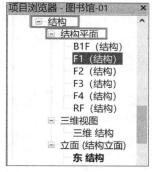

图 1.3-7　平面视图显示

4. 创建轴网

本项目是在施工图的基础上建模，因此轴网也以施工图为底图进行创建会更便捷。

（1）链接图纸

和标高不一样，完整的轴网需要在平面视图上创建，打开其中一个平面视图，如以"B1F楼层平面"为例，分别点击"插入"/"链接CAD"，打开与该楼层相关的"JS-图书馆_地下一层建筑平面图"。具体操作要点请大家认真观察图1.3-8，插入时要选择"仅当前视图"，其次"导入单位"选择毫米，最后选择"原点到原点"的定位方式。

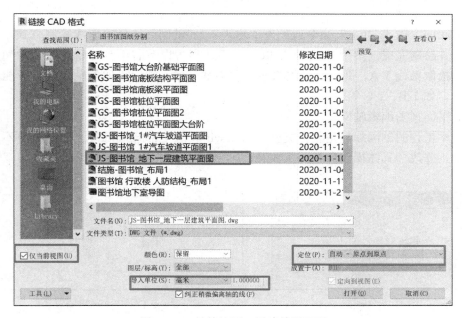

图 1.3-8　链接地下一层建筑平面图

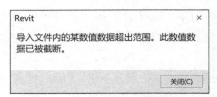

图 1.3-9 导入 CAD 文件时的提示

按"确定"之后如果跳出如图 1.3-9 所示的提示，直接关闭即可。选中 CAD 底图通过"修改"命令将其锁定，以免后期不小心被修改。

（2）调整视图

此时四个立面符号在图纸里面，我们通过移动或者直接选中后拖拽把立面符号都移到图纸外面。

这时图纸的信息是完整而杂乱的，而绘制轴网只需要轴网相关信息即可，处理的方法是使用快捷键"VV"，点开"导入的类别"，展开"JS-图书馆_地下一层建筑平面图"，仅打开相关的图层，可参考图 1.3-10。此步可运用"全选"和"反选"的技巧。

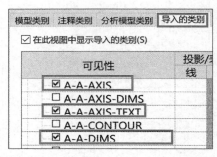

图 1.3-10 导入图纸显示类别

当图层很多，而需要的图层较少时，首先通过"全选"选中已显示的所有图层，则所有图层都会被取消，然后点击"反选"，选中导入图形的名字，再逐个选择需要的图层，会比逐个取消更快捷。

此时视图链接进来的图纸仅显示和轴网相关的图纸信息。

（3）创建轴网

根据底图，输入"GR"命令或进入"建筑"／"轴网"选择拾取线绘制方式，依次拾取轴网，并绘制完成（图 1.3-11）。拾取的顺序适当可以节省不少编辑修改的时间，如我们可以先拾取轴线 1-A，并将其轴线修改到和图纸一致，往后拾取的轴线则会智能地跟着修改轴号，如 1-B、1-C 等。

（4）平面视图编辑轴网

首先本工程的轴网编号是复合类型，而 Revit 无法全部智能修改，因此编号不一致的地方要手工修改。具体操作参考图 1.3-12。

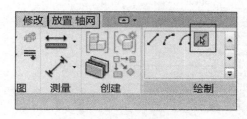

图 1.3-11 轴网绘制方法

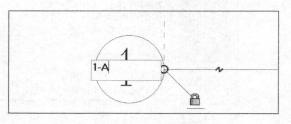

图 1.3-12 修改轴号

其次修改轴网的类型，对于绝大部分轴网我们需要两端显示编号，且中间不连续，因此，我们先全部选中轴网（为了方便选中轴网可以临时关闭 CAD 底图显示或者通过过滤器选中轴网），将其类型改为"6.5mm 编号间隙"，具体设置见图 1.3-13。

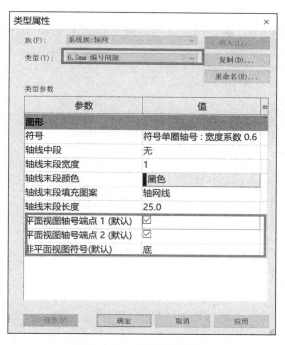

创建轴网-1

创建轴网-2

创建轴网-3

图 1.3-13　轴网类型设置

复杂的轴网相交处，轴号容易重叠看不清，如图 1.3-14 左图所示，不仅符号重叠，图面不整洁，也会影响后期构件的绘制，因此选中轴线，出现编号的符号，将其隐藏，完成效果如图 1.3-14 右图所示。修改后，读者需要打开各个视图核对是否都正确。

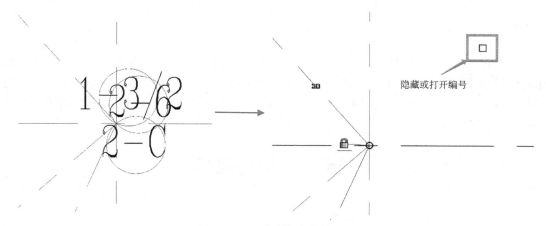

图 1.3-14　手动修改编号显示

对于轴线的标头位置、轴号偏移等设置的修改只出现在本视图上，而其他视图依旧是默认显示，读者们思考一下该如何操作才能将该改变也应用到其他视图上。

（5）立面视图编辑轴网

打开建筑立面，如果轴网和标高线并未相交，则需要分别拖拽标高的端点和轴网端点让标高和轴网都相交。

具体的操作如图 1.3-15 所示，选中其中一个标高线（轴线），在锁定的情况下，鼠标按住端点就可以进行拖拽了。南立面完成后的效果如图 1.3-16 所示。

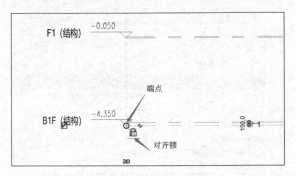

图 1.3-15　拖拽标高

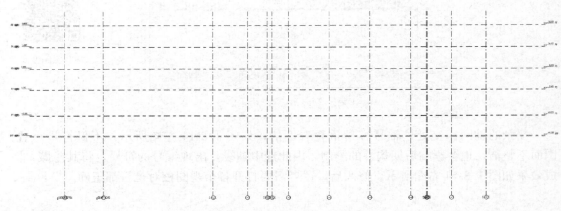

图 1.3-16　南立面轴网与标高

解决建筑南立面轴网与标高相交的问题之后，建筑北立面与结构南、北立面的轴网、标高相交问题也跟着解决了。用同样的方法将建筑西立面的轴网和标高进行调整之后，建筑东立面与结构东、西立面轴网问题也解决了，所有视图的轴网调整就都完成了，至此"图书馆-土建样板"文件完成。

任务 2　结构建模

 任务书

1. 在老师的指导下完成作业 2.1～作业 2.6。
2. 按时完成"图书馆-S-01"～"图书馆-S-06"各子任务项目文件。

3. 按时完成"图书馆-结构"项目文件，并按要求提交。

4. 按时提交"图书馆-结构-图面分析"。

5. 按时提交"任务 2 评价表"。

6. 根据教师反馈表及时修改模型。

任务 2 作业

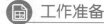 工作准备

1. 根据图纸，认真阅读本项目地下一层的建筑施工图，并完成"图纸准备 2.1"～"图纸准备 2.6"。

2. 每次子任务开始前均从上次保存的文件打开继续建模，每次子任务完成均按要求保存文件，为下次任务做准备。

2.1 基础建模

1. 图纸分析

根据"图书馆承台结构平面图""图书馆桩位平面图"及相关图纸可得到关于基础建模的以下几个关键信息：

（1）承台和桩的混凝土强度等级分别为 C35 和 C50。

（2）未注明的承台顶标高均为—4.300，其中楼梯间、汽车坡道、大台阶处承台顶标高需根据具体标注确定。

（3）未注明桩顶标高均为—5.450，其中楼梯间、汽车坡道、大台阶处桩顶标高需根据具体标注确定，也可根据承台标高、高度及桩顶嵌入承台深度计算桩顶标高。

（4）桩图例以及相关技术参数如表 2.1-1 所示。详见结施-05。

桩图例以及相关技术参数   表 2.1-1

图例	桩类别及编号	桩类型	抗压承载力特征值	抗拔承载力特征值	桩身混凝土强度	桩长	桩数
⊠	X-PRS-400B-14、14、6b	承压桩	1500kN		C50	约34m	196
⊡	X-PRS-450B-14、14、6b	承压桩	1700kN		C50	约34m	78
⊞	X-PRS-400B-14、14、6b	抗拔桩		300kN	C50	约34m	18

（5）本项目承台类型分为：单桩承台、两桩承台、三桩承台、四桩承台，具体尺寸详见结施-07 和结施-08。

2. 视图设置

打开文件"图书馆-土建样板文件"，并另存为"图书馆-S-01"。

切换进入负一层结构平面图，通过"插入/链接 CAD"，链接已处理过的 CAD 图纸"GS-图书馆_桩位平面图"，具体操作如图 2.1-1 所示。

然后，对链接进来的 CAD 图纸进行清理，打开"图形可见性/图形替换"/"导入的类别"，仅勾选相关的图层即可，具体参照图 2.1-2。也可以提前在 CAD 文件中提取需要的图层，然后插入链接。

视图设置

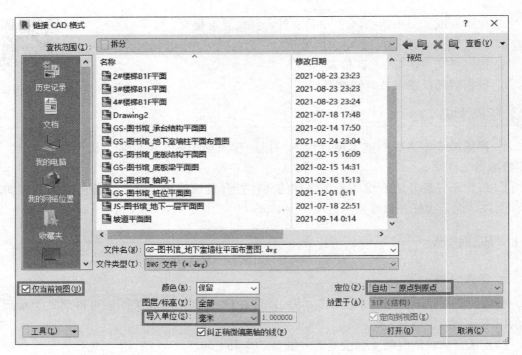

图 2.1-1　链接桩位平面图

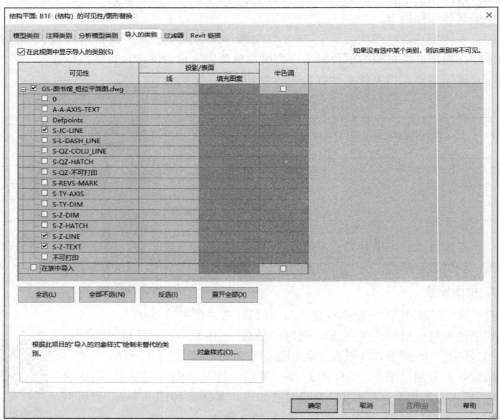

图 2.1-2　CAD 图层设置

3. 创建桩基

本项目中桩基的类型有 3 种，类型设置的具体步骤类似，本教材将以承压桩 "X-PRS-450B" 的设置为例进行详细操作。

（1）载入方桩族

选择 "构件坞" 选项卡，在全局搜索中搜索 "方桩"，选择合适的族下载，并将其载入项目中，如图 2.1-3 所示。

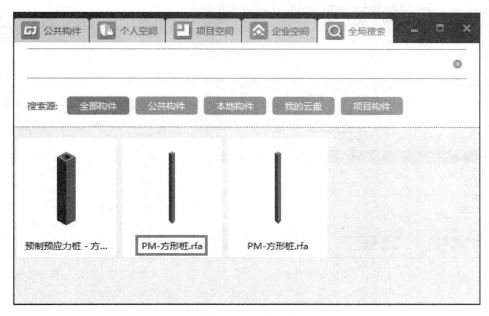

图 2.1-3　方桩搜索

（2）编辑桩基类型属性

切换至 "结构" 选项卡，选择 "基础/独立"，在属性栏中选择上文载入的桩基族 "PM-方形桩"，点击 "编辑类型"，修改其类型属性。如本工程 "X-PRS-450B-14、14、6b"，修改时需复制一个类型，并重命名为 "Z-450X450-34"，截面尺寸修改为 450×450，桩长修改为 34000。然后将其结构材质修改为 "混凝土，现场浇筑-C50"，当材质库中无法搜索到该材质时，可通过 "复制" "重命名" 的方式创建，如图 2.1-4 所示。

（3）桩基布置

以桩顶标高为 -5.500 为例（建模时不考虑桩顶嵌入承台的长度），在属性栏中，将桩顶的约束标高改为 "B1F（结构）"，自标高的高度偏移修改为 "-1150"，如图 2.1-5 所示。然后，将桩布置在图纸标注位置。对于左右两侧建筑桩基布置后还需要通过 "旋转（RO）" 命令对桩基进行修正，如图 2.1-6 所示。

4. 创建承台

本项目有一桩承台、两桩承台、三桩承台和四桩承台，根据尺寸不同可将承台分为 10 种类型，具体见结施-07 "图书馆承台结构平面图"。承台类型设置的具体步骤类似，本教材将以 "CT-3" 的设置为例进行详细操作。

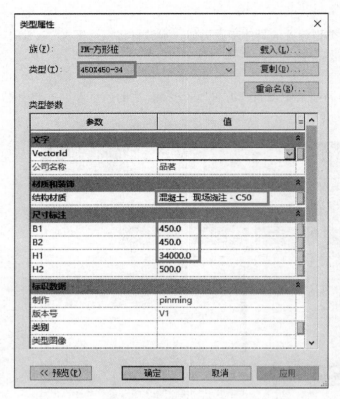

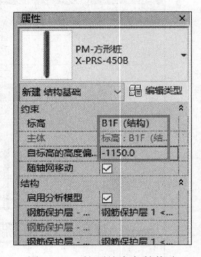

图 2.1-4　桩截面尺寸修改　　　　　　　　　　图 2.1-5　桩顶约束条件修改

创建承台-1

创建承台-2

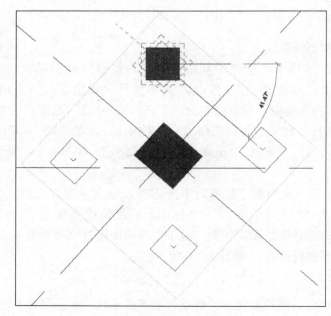

图 2.1-6　桩基位置调整

选择"文件"选项卡，选择"打开/族"，在"结构/基础"文件夹下，选择"桩帽-3根桩"，点击"打开"，如图2.1-7所示。

图 2.1-7 打开承台族

（1）编辑承台类型属性

切换至"结构"选项卡，选择"基础/独立"，在属性栏中选择上文载入的承台族"桩帽-3 根桩"，点击"编辑类型"，修改其类型属性。但通过已有的尺寸标注设置不能使承台尺寸符合图纸要求。

此时需修改该承台族的参数，修改时既可打开该族直接修改，也可以在项目中任意位置双击该承台，打开族文件修改。进入族后在"楼层平面"中双击"参照标高"，可以查看各个尺寸标注的位置，如图2.1-8所示。

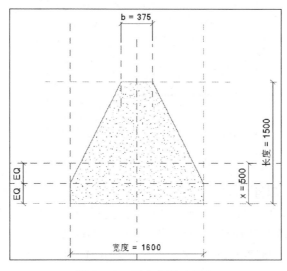

图 2.1-8 承台族尺寸标注

然后，在"属性"栏中选择"族类型"，将尺寸标注"b"和"x"后面的公式删除，并根据图纸设置尺寸标注参数，如图 2.1-9 所示。随后，将该族载入项目中，在出现的对话框中选择"覆盖现有版本及其参数值"，如图 2.1-10 所示。最后，点击"编辑类型"，复制一个类型，并重命名为"CT-3"，如图 2.1-11 所示。

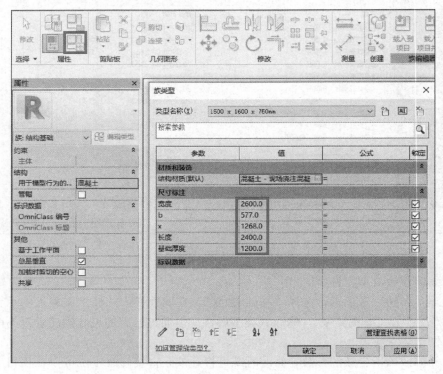

图 2.1-9　承台尺寸修改

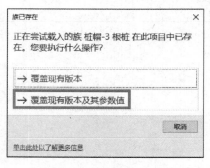

图 2.1-10　将族载入项目

（2）编辑基础实例属性

　　切换至"结构"选项卡，选择"基础/独立"，选择上文创建的 CT-3，以承台顶标高为－4.300 为例，将标高改为"B1F（结构）"，自标高的高度偏移值为"0"；点击"结构材质"，在搜索栏中搜索"C35"，选择"混凝土，现场浇筑-C35"，点击"确定"，如图 2.1-12 所示。

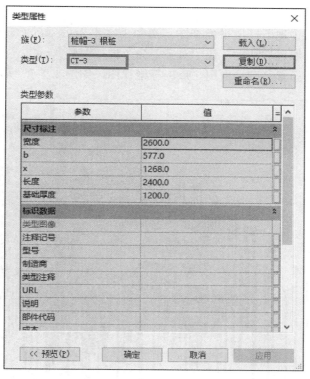

图 2.1-11 修改承台类型名称

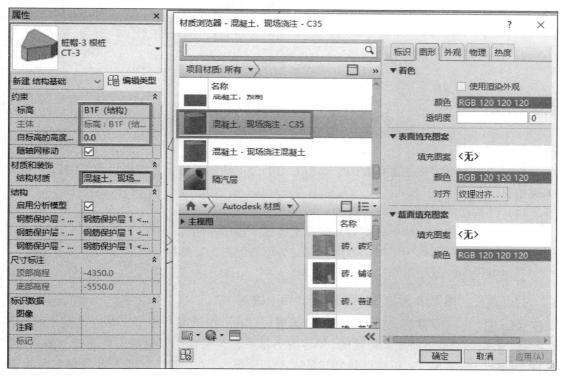

图 2.1-12 承台材质修改

（3）承台布置

点击项目浏览器中地下一层平面视图，选择上文编辑的基础 CT-3，将承台布置在图纸标注位置，此时可通过"移动"或"对齐"命令进行调整。

按照以上步骤，布置基础平面图，点击三维视图，如图 2.1-13 所示。

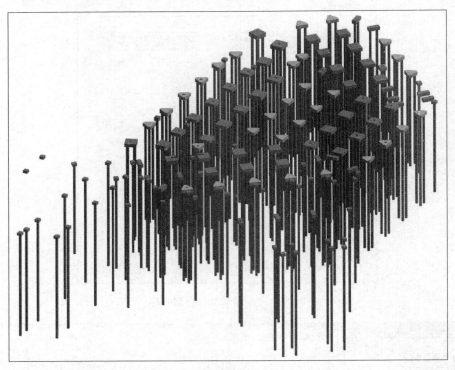

图 2.1-13　基础三维视图

2.2　结构柱建模

1. 图纸分析

根据"地下室墙柱平面布置图"及相关图纸可得到关于地下室结构柱建模的以下几个关键信息：

（1）结构柱的混凝土强度等级为 C35，抗渗等级为 P6。

（2）未注明的结构柱标高均为基础顶至地下一层结构面。

（3）柱截面尺寸均为矩形，其中大部分为钢筋混凝土矩形柱，其余为型钢混凝土柱。

2. 视图设置

打开文件"图书馆-S-01"，并另存为"图书馆-S-02"。

视图设置

切换进入负一层结构平面图，打开"图形可见性/图形替换"/"导入的类别"，将上文链接的"GS-图书馆_桩位平面图"隐藏，并通过"插入/链接 CAD"，链接已处理过的 CAD 图纸"GS-图书馆_地下室墙柱平面布置图"，具体操作如图 2.2-1 所示。

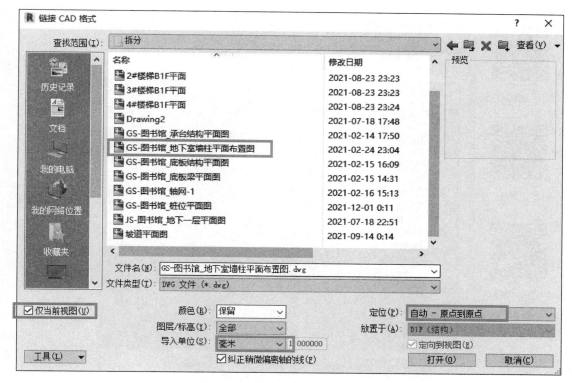

图 2.2-1　链接地下室墙柱平面布置图

然后，对链接进来的 CAD 图纸进行清理，如同前文一样操作，打开"图形可见性/图形替换"/"导入的类别"，仅勾选相关的图层即可，具体参照图 2.2-2。也可以提前在 CAD 文件中提取需要的图层，然后导入。

3. 创建结构柱

本小节介绍结构柱的创建，Revit 提供两种柱，即结构柱和建筑柱。建筑柱适用于墙垛、装饰柱等，为非承重构件。在框架结构模型中，结构柱是用来支撑上部结构并将荷载传至基础的竖向构件。

本项目中结构柱的类型有多种，而类型设置的具体步骤都是一样的，本教材将以 DKZ1 和 GGZ1 的设置为例进行详细操作。

（1）编辑结构柱类型属性

若新建时未采用"结构样板"，需先载入矩形柱的族。选择"插入"选项卡，选择"载入族"，在"结构/柱/混凝土"文件夹下，选择"混凝土-矩形-柱"，点击"打开"，如图 2.2-3 所示。

切换至"结构"选项卡，选择"柱"，在属性栏中选择柱类型为"混凝土-矩形-柱"，点击"编辑类型"，修改其类型属性。如本工程 DKZ1 600×600，修改时需复制一个类型，并重命名为"DKZ1"，尺寸修改为 600×600，如图 2.2-4 所示。

需要注意的是，本案例中有个别结构柱为型钢柱，并非常见的钢筋混凝土柱，需要下载或者创建对应的型钢柱族，然后放置这些结构柱。如 GGZ1，其截面信息如图 2.2-5 所示。

创建结构柱-1

创建结构柱-2

创建结构柱-3

图 2.2-2　CAD 图层设置

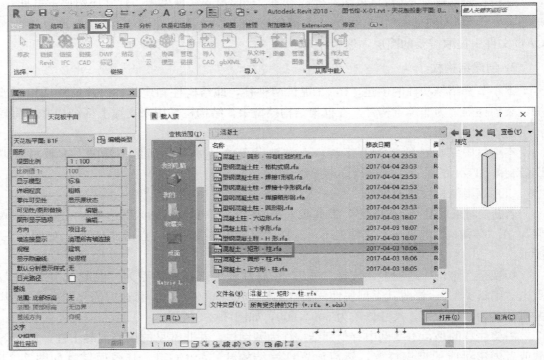

图 2.2-3　载入矩形结构柱族

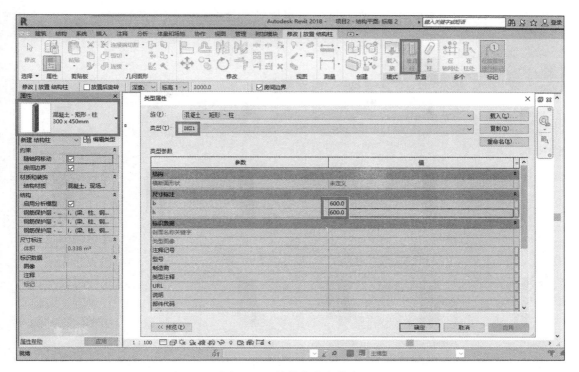

图 2.2-4　结构柱信息修改

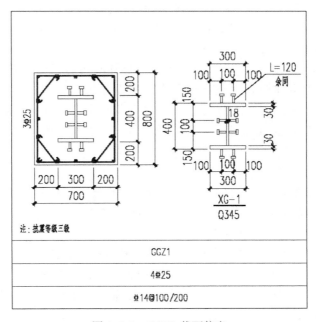

图 2.2-5　GGZ1 截面信息

　　选择"构件坞"选项卡，在全局搜索中搜索"型钢柱"，选择族"型钢混凝土柱-H形"下载，并将其载入项目中。如图 2.2-6 所示。

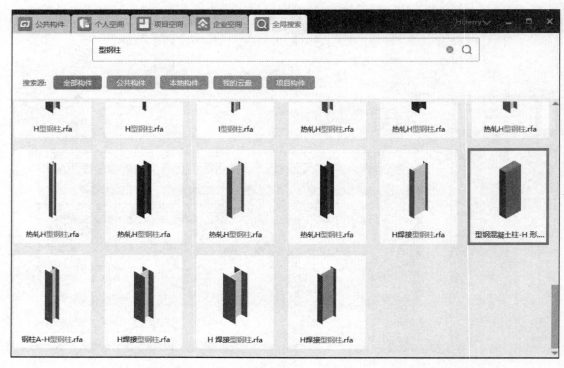

图 2.2-6　型钢柱搜索

　　然后，切换至"结构"选项卡，选择"柱"，选择已载入的型钢柱族，在属性栏中点击"编辑类型"，修改其类型属性。修改时需复制一个类型，并重命名为"GGZ1"。根据 GGZ1 截面信息，尺寸标注分别为：高度＝800，宽度＝700，bf＝300，d＝400，tf＝30，tw＝18，如图 2.2-7 所示。在输入尺寸标注时可打开"预览"，以便准确标注尺寸。修改型钢柱尺寸标注时，可进入族，在"楼层平面"中双击"参照标高"，查看各个尺寸标注的位置。另外需要注意的是，此时的型钢柱族中设有"kr"的尺寸标注，与其他标注有关联关系，需在族中将参数"kr"对应的公式删除才能布置。如图 2.2-8 所示。

　　（2）编辑结构柱实例属性

　　切换至"结构"选项卡，选择"柱"，选择上文创建的结构柱，点击"结构材质"，选择"混凝土，现场浇筑-C35"，点击"确定"，如图 2.2-9 所示。

　　（3）设置结构柱约束条件并布置

　　切换至"结构"选项卡，选择"柱"，保持其默认放置方式"垂直柱"，在属性栏中选择上文创建的"DKZ1"，将柱布置在图纸标注位置后，再选中 DKZ1，在属性栏中，根据图纸设置柱底部标高为"B1F（结构）"，柱顶部标高为"F1（结构）"，顶部偏移和底部偏移均设置为"0"，如图 2.2-10 所示。

　　设置柱标高时，也可以在柱布置时定义，如图 2.2-11 所示，布置方式选择"高度"，柱顶标高选择"F1（结构）"。

　　按照以上步骤，布置地下室一层结构柱，点击三维视图，如图 2.2-12 所示。

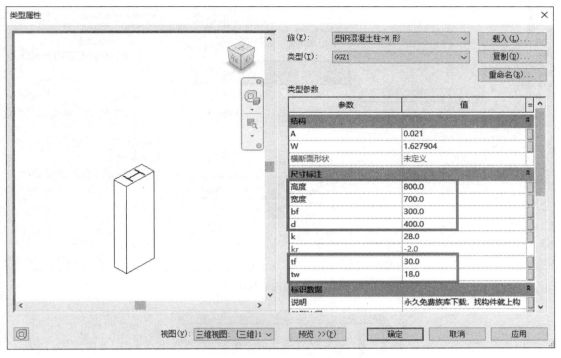

图 2.2-7　结构柱截面尺寸修改

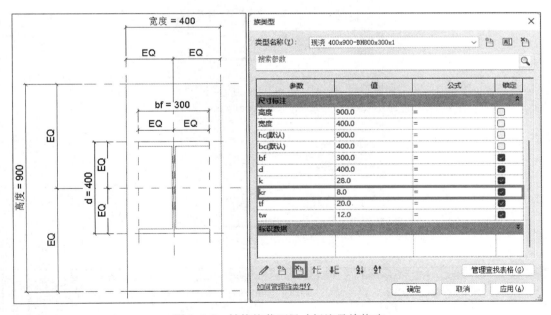

图 2.2-8　结构柱截面尺寸标注及族修改

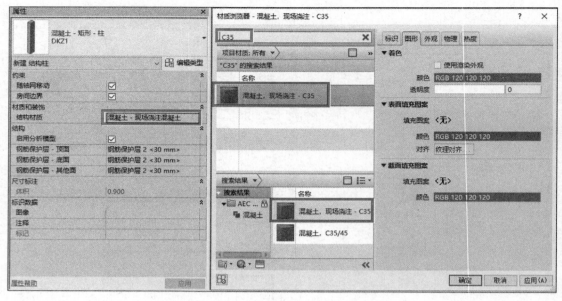

图 2.2-9　结构柱材质修改

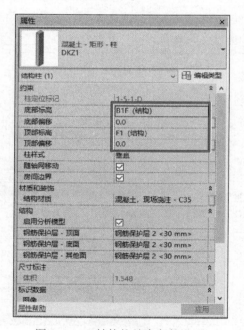

图 2.2-10　结构柱约束条件设置

图 2.2-11　结构柱标高设置

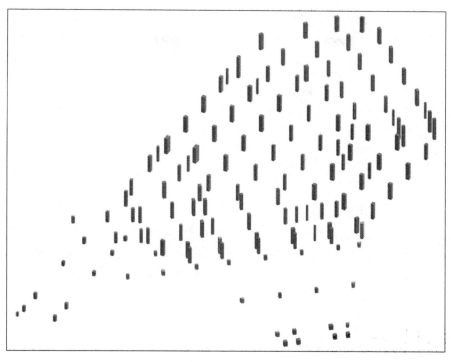

图 2.2-12 地下室一层结构柱三维视图

2.3 结构墙建模

本工程结构体系为钢筋混凝土框架结构，但是地下室的外墙和人防墙均属于结构墙体，在结构建模时需要建立相应的结构墙模型。

1. 图纸分析

根据"地下室墙柱平面布置图"及相关图纸可得到关于地下室结构墙建模的以下几个关键信息：

（1）结构墙的混凝土强度等级为 C35，抗渗等级为 P6。

（2）地下室结构墙的端柱及扶壁柱按结构柱建模，其余部分按结构墙建模。

（3）结构墙的平面位置参照结施-03"地下室墙柱平面布置图"，结构墙的厚度、约束条件参照结施-04"地下室墙柱详图"，信息如表 2.3-1 所示。

结构墙墙厚及约束条件

表 2.3-1

墙编号	墙厚（mm）	起始标高	顶标高
DWQ1	300	−4.300	−0.600
DWQ1a	300	−4.300	−0.050
DWQ2	300	−4.300	−1.300
DWQ3	300	−4.300	−0.050
DWQ4	300	−4.300	坡道盖板

墙编号	墙厚（mm）	起始标高	顶标高
DWQ5	300	坡道板面	详建筑
LKQ1	300	−4.300	−0.600
LKQ2	300	−4.300	−0.600
DYGQ1	300	−4.300	−0.600
DYGQ1a	300	−4.300	−0.050
DYGQ2	300	−4.300	−0.600
GQ1	300	−4.300	−0.600
GQ2	300	−4.300	−0.600

视图设置

2. 视图设置

打开文件"图书馆-S-02"，并另存为"图书馆-S-03"。

保持上文链接的 CAD 图纸"GS-图书馆_地下室墙柱平面布置图"，打开"图形可见性/图形替换"/"导入的类别"，在原先的基础上勾选墙线和墙填充图层，如图 2.3-1 所示。

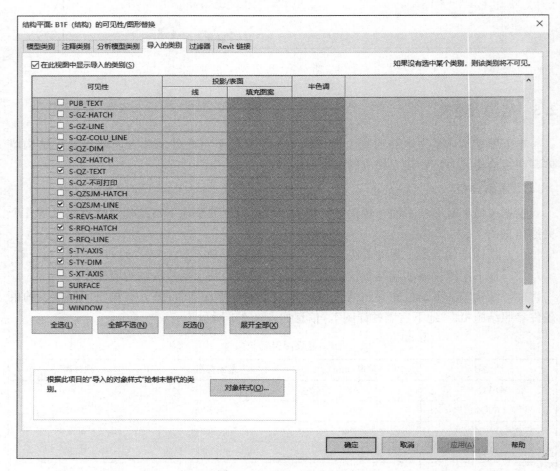

图 2.3-1　CAD 图层设置

图层清理时，若部分墙体或填充不显示，一般是由于整理 CAD 图纸没有完全分解导致，可再勾选未显示墙体或填充所在的块图层即可。

3. 创建结构墙

Revit 提供了三种墙体，即建筑墙、结构墙和面墙。建筑墙主要用于绘制建筑中的隔墙，默认的"结构用途"值为"非承重"；结构墙主要用于绘制建筑中的剪力墙等受力墙体，默认的"结构用途"值为"承重"；面墙一般为根据体量或者常规模型表面生成的曲面墙体图元。

由于端柱及扶壁柱按结构柱建模，因此只创建墙身部分墙体即可。本教材将以 2-A 轴的 DWQ1 设置为例进行详细操作。

（1）编辑结构墙类型属性

切换至"结构"选项卡，选择"墙：结构"，在属性栏中选择墙类型为"基本墙"，点击"编辑类型"，修改其类型属性。如本工程 DWQ1，修改时需复制一个类型，并重命名为"DWQ1"，如图 2.3-2 所示。

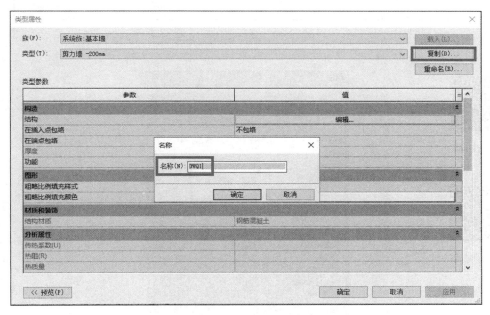

图 2.3-2　墙名称修改

编辑 DWQ1 结构构造，将结构材质改为"混凝土，现场浇筑-C35"，墙厚改为 300，如图 2.3-3 所示。

（2）编辑结构墙约束条件

点击项目浏览器中地下一层平面视图，选择上文新建的 DWQ1，选择布置方式为"高度"，并将"底部约束"改为"B1F（结构）"，"底部偏移"为"0"，"顶部约束"改为"未连接"，"无连接高度"为"3700"，设置墙"定位线"为"核心层中心线"，不勾选"链"和"半径"选项，设置"偏移"为"0"，将墙布置在图纸标注位置，如图 2.3-4 所示。

该墙体约束条件设置时，也可将"顶部约束"改为"F1（结构）"，"顶部偏移"设置

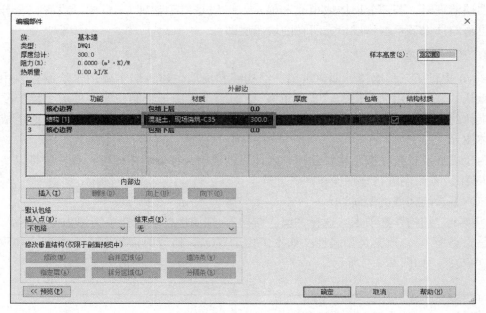

图 2.3-3 墙结构构造修改

创建结构墙-1

创建结构墙-2

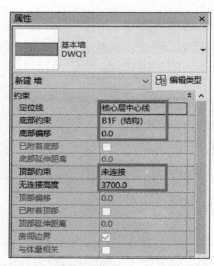

图 2.3-4 墙约束条件设置

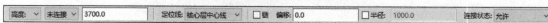

为"-0.550"。采用这种设置方法时,楼层标高若变化,可不用再修改墙顶约束条件。

根据表 2.3-1 可知,DWQ5 的起始标高为"坡道板面",此时墙体的底部约束可先按"B1F(结构)",当坡道板创建完成以后再将底标高附着于坡道板即可;DWQ5 的顶标高为"详建筑",由于结施-09"结构坡道详图"已按建筑绘制,故可通过结施-09 中"1♯汽车坡道 2-2 剖面图"了解墙顶的变化,如图 2.3-5 所示。对于图示有坡度的墙顶,可先按最高点标高布置墙体,然后在立面上双击墙体,并按照图纸要求绘制新的墙体顶边线。

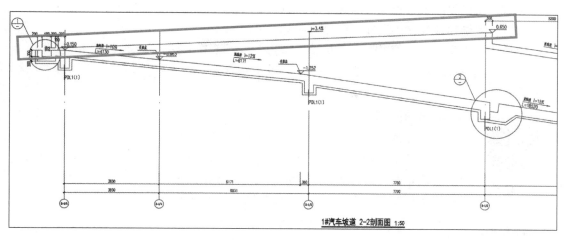

图 2.3-5　DWQ5 的顶标高变化

（3）结构墙布置

墙体布置方式包括默认的"直线""矩形""多边形""圆形""弧形"等工具。在此介绍两种常见的绘制方法：一个是"拾取线"，使用该工具可以直接拾取视图中已创建的线来创建墙体；另一个是"拾取面"，该工具可以直接拾取视图中已经创建的体量面或是常规模型面来创建墙体。

本工程墙体形式为直线和圆弧。对于直线墙可采用"直线"绘制方式，而对于圆弧墙一般采用"拾取线"的方式绘制。按照以上步骤，布置地下室一层墙，点击三维视图，如图 2.3-6 所示。

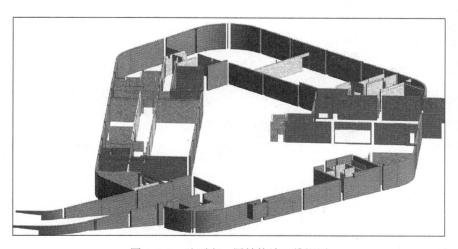

图 2.3-6　地下室一层结构墙三维视图

2.4　结构梁建模

1. 图纸分析

根据"图书馆底板梁平面图""地下室顶板竖向梁平面布置图""地下室顶板横向梁平

面布置图"及相关图纸可得到关于地下室结构梁建模的以下几个关键信息：

（1）底板梁和顶板梁的混凝土强度等级均为 C35。

（2）结构梁顶标高一般与板面标高相同。本项目中未注明的底板梁顶标高均为－4.300，地下室顶板梁顶标高均为－0.500，其中坡道、大台阶处梁梁顶标高需按图纸标注设置。

视图设置

2. 视图设置

打开文件"图书馆-S-03"，并另存为"图书馆-S-04"。

以底板梁建模为例，将上文链接的"GS-图书馆 _ 地下室墙柱平面布置图"隐藏，并通过"插入/链接 CAD"，链接已处理过的 CAD 图纸"GS-图书馆 _ 底板梁平面图"，具体操作如图 2.4-1 所示。

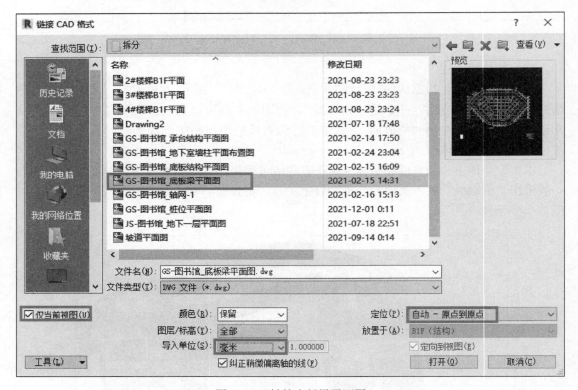

图 2.4-1　链接底板梁平面图

然后，对链接进来的 CAD 图纸进行清理，如同前文一样操作，打开"图形可见性/图形替换"/"导入的类别"，仅勾选相关的图层即可，具体参照图 2.4-2。

3. 创建结构梁

本项目中结构柱的类型有多种，而类型设置的具体步骤都是一样的，本教材将以 JL1-x 的设置为例进行详细操作。其中"JL"代表梁的类型为基础柱梁（柱下）。

（1）编辑结构梁类型属性

选择"插入"选项卡，选择"载入族"，在"结构/框架/混凝土"文件夹下，选择"混凝土-矩形梁"，点击"打开"，如图 2.4-3 所示。

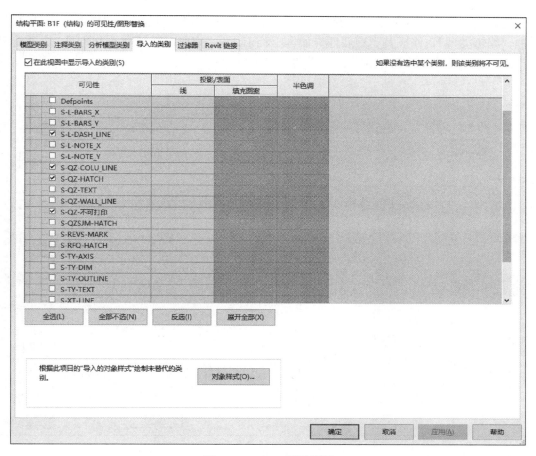

图 2.4-2　CAD 图层设置

图 2.4-3　载入结构梁族

切换至"结构"选项卡，选择"梁"，在属性栏中选择梁类型为"混凝土-矩形梁"，点击"编辑类型"，修改其类型属性。如本工程JL1-x，修改时需复制一个类型，并重命名为"JL1-x"，尺寸修改为400×800，如图2.4-4所示。

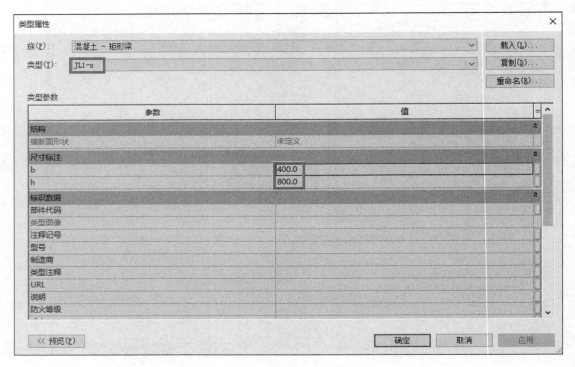

图 2.4-4 梁类型编辑

（2）编辑结构梁实例属性

切换至"结构"选项卡，选择"梁"，选择上文创建的结构梁，在实例属性栏中将"Z轴对正"设置为"顶"，即所绘制的结构梁将以梁图元顶面与"放置平面"标高对齐，然后点击"结构材质"，选择"混凝土，现场浇筑-C35"，点击"确定"，如图2.4-5所示。

（3）结构梁布置

点击项目浏览器中地下一层平面视图，如本工程1-G轴JL1-x，选择上文新建的JL1-x，不勾选"三维捕捉"和"链"选项，如图2.4-6所示。

上部结构梁的布置方式与底板梁类似，但建模过程中需注意以下几点：

1）本工程大部分结构梁为直线梁，可采用"直线"的绘制方式，对于转角处的圆弧梁，建议采用"拾取线"的绘制方式，如图2.4-7所示。

2）地下室顶板的部分梁采用了两侧加腋的做法，如图2.4-8所示。对于这种非常规截面梁，需通过自建族或载入族的方式创建。本书推荐采用较为便捷的"载入族"的创建方式。

选择"构件坞"选项卡，点击"全部构件"，在"结构/混凝土结构/梁"中选择"混凝土_工字形2_梁.rfa"，如图2.4-9所示。然后点击"布置"，随后在Revit中即可对该族进行加载和修改。以KL35为例，其尺寸标注如图2.4-10所示。

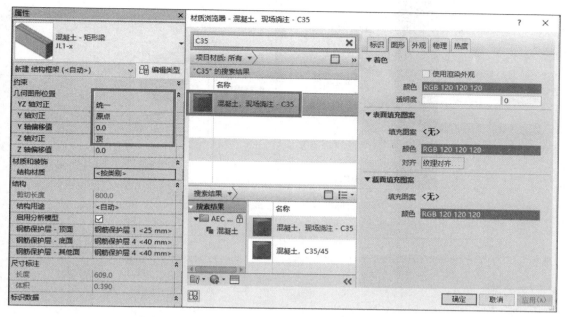

图 2.4-5　梁实例属性设置

图 2.4-6　梁放置信息设置

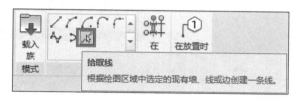

创建结构梁-1

图 2.4-7　梁绘制方式选择

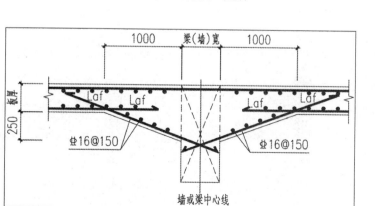

创建结构梁-2

图 2.4-8　地下室顶板梁加腋做法

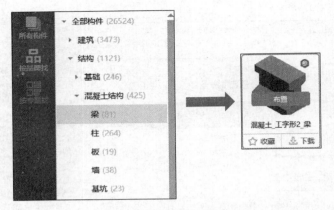

图 2.4-9　下载加腋梁族

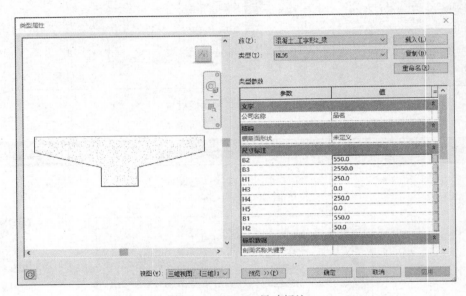

图 2.4-10　KL35 尺寸标注

将梁布置在图纸标注位置，点击三维视图，如图 2.4-11 所示。

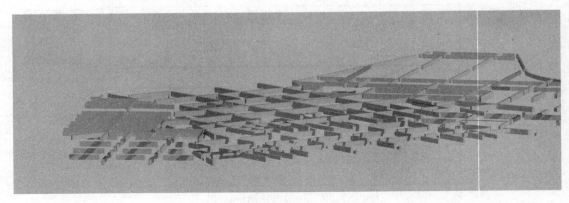

图 2.4-11　地下室梁三维视图

2.5 结构楼板建模

1. 图纸分析

根据"图书馆板底结构平面图""地下室顶板配筋平面图"及相关图纸可得到关于地下室结构楼板建模的以下几个关键信息：

（1）结构楼板的混凝土强度等级为 C35，抗渗等级为 P6。

（2）未注明的结构底板面标高均为-4.300，未注明的结构顶板面标高均为-0.500，其中楼梯井、集水井、大台阶处结构楼板面标高需按图纸标注设置。

2. 视图设置

打开文件"图书馆-S-04"，并另存为"图书馆-S-05"。

以底板建模为例，将上文链接的"GS-图书馆_底板梁平面图"删除，并通过"插入/链接 CAD"，链接已处理过的 CAD 图纸"GS-图书馆_底板结构平面图"，具体操作如图 2.5-1 所示。

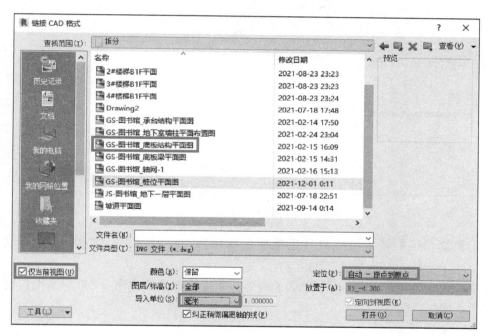

视图设置

图 2.5-1　链接底板结构平面图

然后，对链接进来的 CAD 图纸进行清理，如同前文一样操作，打开"图形可见性/图形替换"/"导入的类别"，仅勾选相关的图层即可，具体参照图 2.5-2。

楼板和天花板是建筑物中重要的水平构件，起到划分楼层空间的作用。在 Revit 中楼板、天花板和屋顶都属于平面草图绘制构件，这个是与之前创建基础、墙体、柱梁等的绘制方式不同的。

楼板是系统族，在 Revit 中提供了四个楼板相关的命令："楼板：建筑""楼板：结构""面楼板"和"楼板：楼板边"。楼板边缘属于 Revit 中的主体放样构件，通过使用类

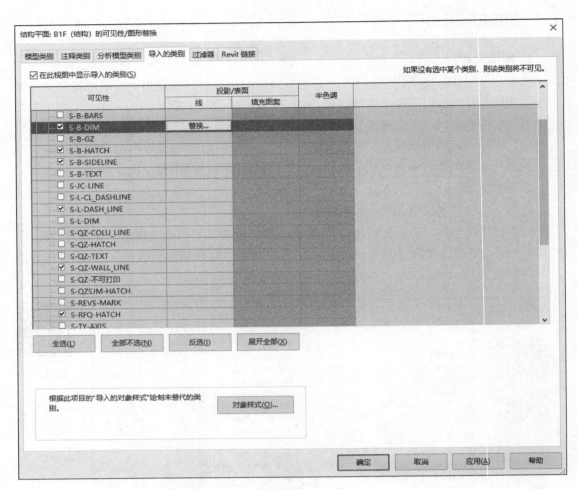

图 2.5-2　CAD 图层设置

型属性中指定轮廓，再沿楼板边缘放样生成的带状图元，一般用于：散水、台阶、放坡等。

基础楼板与楼板类似，在 Revit 中提供了两个基础楼板相关的命令："结构基础：楼板"和"楼板：楼板边"。

3. 创建地下室结构底板

（1）编辑结构楼板类型属性

切换至"结构"选项卡，选择"基础"/"结构基础：楼板"，在属性栏中选择基础类型为"基础底板"，点击"编辑类型"，修改其类型属性。如本工程未注明底板厚均为400mm，修改时需复制一个类型，并重命名为"基础底板 _ 混凝土 _400"，点击"结构"/"编辑"，将结构材质改为"混凝土，现场浇筑-C35"，底板厚改为400mm，如图2.5-3 所示。

（2）编辑结构楼板实例属性

点击项目浏览器中地下一层平面视图，选择上文新建的基础底板，并将"标高"改为

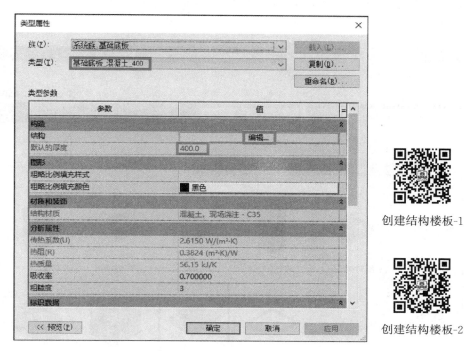

创建结构楼板-1

创建结构楼板-2

图 2.5-3　基础底板信息修改

"B1F（结构）"，"自标高的高度偏移"为"0"，如图 2.5-4 所示。

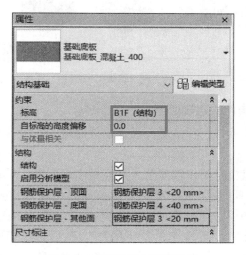

图 2.5-4　基础底板标高设置

（3）结构楼板布置

Revit 提供了多种绘制方式，本项目已链接底图，因此宜选择"拾取线"的方式布置，将基础底板边绘制在梁或墙的外侧边缘。

（4）集水井及电梯井布置

选择"构件坞"选项卡，在全局搜索中搜索"集水井"，选择合适的族，如图 2.5-5

所示。所选集水井与本项目集水井有所不同，可双击集水井修改其轮廓，如图 2.5-6 所示。

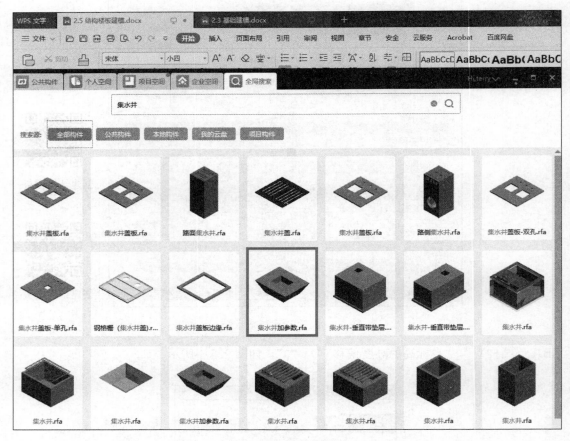

图 2.5-5　集水井族搜索

4. 切换楼板与其他构件的连接顺序

楼板的布置方式有两种，一种是避开已建构件的范围布置；另一种是与已建构件范围重叠布置。

第一种布置方式，建模时操作较复杂，且容易出现问题。采用第二种布置方式时，由于存在楼板和其他构件的重叠区域，需要将楼板和其他构件重叠位置的连接顺序进行切换。切换连接顺序方式如下：切换至"修改"选项卡，选择"连接"／"切换连接顺序"，若楼板上有多个重叠构件时，需勾选"多个开关"，随后选择相应楼板，再选择与该楼板相交的构件，使重叠位置楼被相交构件剪切，如图 2.5-7 所示。

5. 创建地下室结构顶板

地下室结构顶板及上部楼板的创建与地下室结构底板不同，需在"结构"选项卡下，选择"楼板"／"楼板：结构"来创建，而不是基础选项卡，如图 2.5-8 所示。其余操作步骤与创建地下室结构底板步骤类似，此处不再赘述。

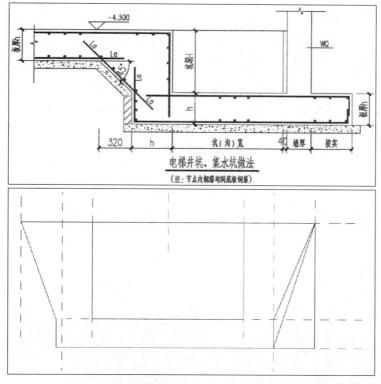

图 2.5-6　修改集水井族

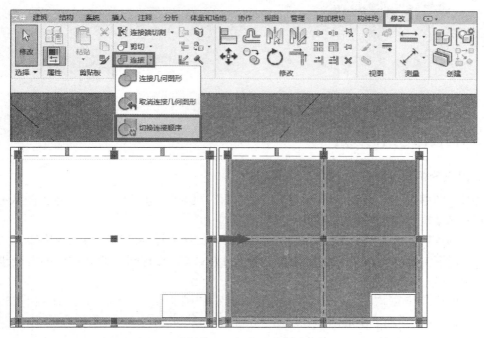

图 2.5-7　切换连接顺序

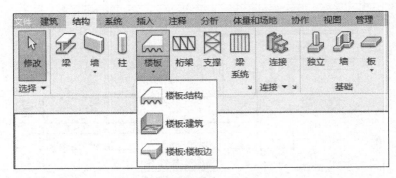

图 2.5-8　地下室结构顶板创建

按照以上步骤，布置基础底板和地下室顶板，点击三维视图，如图 2.5-9 所示。

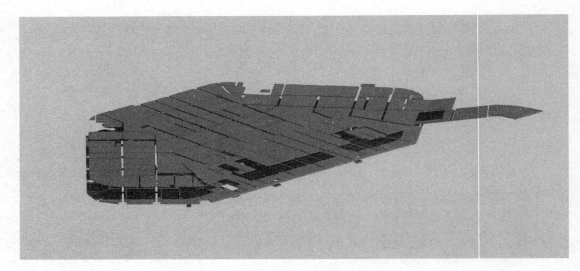

图 2.5-9　地下室结构楼板三维视图

2.6　结构楼梯与结构坡道

1. 图纸分析

根据"图书馆1♯、2♯、3♯、4♯楼梯详图""1♯汽车坡道详图"及相关图纸可得到关于地下室结构楼板建模的以下几个关键信息：

（1）本项目的坡道和地下室楼梯均为现浇构件，地上楼梯的梯段为预制构件。

（2）地下室楼梯及坡道的混凝土强度等级均为 C35，楼梯间梯梁和梯柱的混凝土强度等级均为 C35。

（3）楼梯踏步宽均为 280m；1♯楼梯地下室的踏步长为 $218+24×168=4250$mm，2♯、3♯、4♯楼梯地下室的踏步长均为 $28×150=4200$mm。

（4）1♯楼梯的梯段实际宽度为 1500mm，2♯和 4♯楼梯的梯段实际宽度为 1350mm，3♯楼梯的梯段实际宽度为 1550mm。

（5）楼梯间 TL1 截面尺寸为 250mm×400mm，TZ1 截面尺寸为 200mm×400mm。

（6）坡道有混合砂浆段和现浇混凝土段，其中现浇段楼板厚度包含为 400mm 和 300mm。

楼梯和坡道的施工图一般参考详图，原图纸并没有提供各个楼梯的独立的图纸文件，建模前，应该根据任务 1 中方法对图纸进行分割，分别得到 1♯～4♯楼梯的负一层结构平面图和坡道平面图。

2. 视图设置

打开文件"图书馆-S-05"，并另存为"图书馆-S-06"。

视图设置

打开"B1F（结构）"平面视图，点击"视图"菜单的"详图索引符号"/"矩形"，用鼠标在 1♯楼梯获得一个平面详图，并在项目浏览器中把详图重命名为"B1F-1♯楼梯结构详图"。用同样的方法分别得到 2♯～4♯楼梯和坡道的详图，并按照 1♯楼梯详图的命名格式进行命名。

然后，对链接进来的 CAD 图纸进行清理，如同前文一样操作，打开"图形可见性/图形替换"/"导入的类别"，仅勾选相关的图层即可。

3. 创建结构楼梯

本项目中共有 4 个结构楼梯，而类型设置的具体步骤都是一样的，本教材将以 2♯楼梯的设置为例进行详细操作。为便于建模，需将视图切换至"B1F-2♯楼梯结构详图"。

（1）绘制参照平面

单击"建筑"选项卡，选择"工作平面"/"参照平面"，在地下一层楼梯间绘制四条参照平面，并用临时尺寸精确定位参照平面与墙边线的距离。如本工程 2♯楼梯，左侧垂直参照平面到轴线的距离 975mm，右侧垂直参照平面到墙边线的距离 675mm；下面水平参照平面到下面墙边线的距离为 2210mm，为第一跑起跑位置；上面水平参照平面距离下面参照平面的距离为 3640mm。如图 2.6-1 所示。

（2）设置楼梯参数

切换至"建筑"选项卡，选择"楼梯坡道"/"楼梯"，如本工程地下室 2♯楼梯，在属性栏中选择楼梯类型为"整体浇筑楼梯"，设置楼梯的"底部标高"为"B1F（结构）"，"顶部标高"为"F1（结构）"，"所需踢面数"为"28"，"实际踏板深度"为"280"，如图 2.6-2 所示。

点击"编辑类型"，修改其类型属性。根据楼梯尺寸将"最大踢面高度"设置为"180"，"最小踏板深度"设置为"280"，"最小梯段宽度"设置为"1320"。梯段"下侧表面"改为"平滑式"，"结构深度"改为"180mm"，平台"整体厚度"改为"150mm"，梯段和平台材质均改为"混凝土，现场浇筑-C35"，修改时需复制一个类型，如图 2.6-3 所示。

（3）楼梯布置

单击"梯段"命令，默认选项栏选择"直线"绘图模式，根据参照平面，自第一跑起跑位置布置楼梯完成楼梯布置。如图 2.6-4 所示。

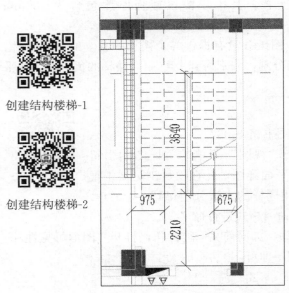

创建结构楼梯-1

创建结构楼梯-2

图 2.6-1 链接地下一层平面图

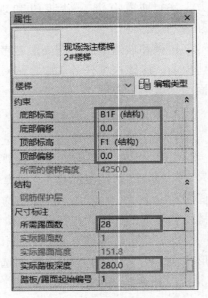

图 2.6-2 楼梯实例参数设置

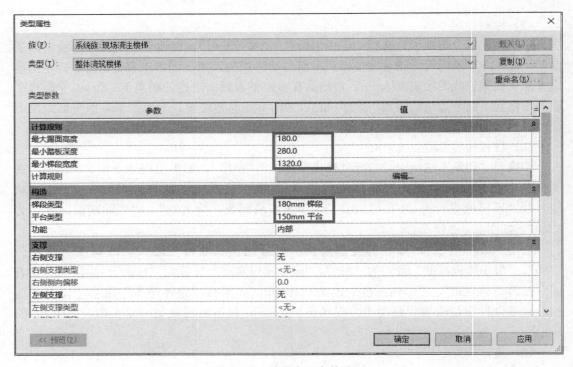

图 2.6-3 楼梯类型参数设置

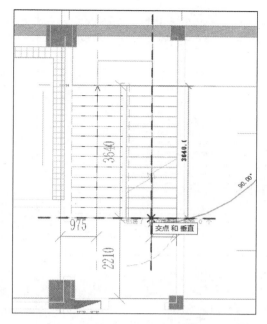
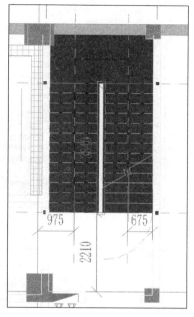

图 2.6-4　楼梯设置

4. 创建梯梁和梯柱

（1）创建梯梁

以 2♯楼梯地下室 TL1 为例，本项目中 TL1 有两种类型，一种为现浇段梯梁，另一种为预制段梯梁。梁顶标高分别为－2.150 和－0.050。现浇段梯梁创建方法同结构梁建模，预制段梯梁设有搁置端，如图 2.6-5 所示。

此时可通过自建族或载入族的方式创建，本书推荐采用较为便捷的"载入族"的创建方式。

选择"插入"选项卡，选择"载入族"，在"结构/框架/混凝土"文件夹下，选择"砼梁-中梁-下挑"，点击"打开"，如图 2.6-6 所示。

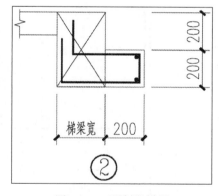

图 2.6-5　预制段梯梁

切换至"结构"选项卡，选择"梁"，在属性栏中选择梁类型为"砼梁-中梁-下挑"，点击"编辑类型"，修改其类型属性。修改时需复制一个类型，并重命名为"TL1"，修改其截面尺寸，如图 2.6-7 所示。

接下来的创建步骤同前文结构梁的创建步骤，这里不再赘述。

（2）创建梯柱

以 2♯楼梯地下室 TZ1 为例，其混凝土强度等级为 C35，截面尺寸为 200mm×400mm，标高为：－4.300～－0.050。其创建步骤同前文结构柱建模，这里不再赘述。

按照以上步骤，布置地下一层楼梯，点击三维视图，如图 2.6-8 所示。

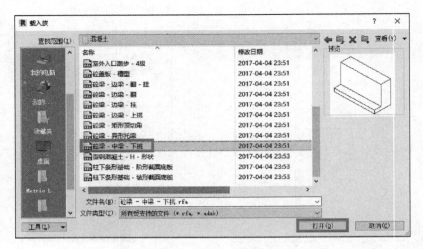

图 2.6-6　载入结构梁族

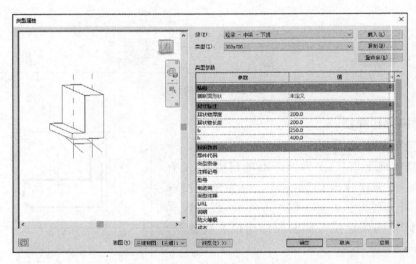

图 2.6-7　TL1 截面尺寸修改

图 2.6-8　地下室一层楼梯三维视图

5. 创建结构坡道

根据做法不同，可将本项目的坡道建模分为两部分，第一部分为：混合砂浆坡道（−4.300～−3.550）；第二部分为：现浇混凝土结构板坡道（−3.550～−0.150），如图 2.6-9 所示。

坡道的创建与楼梯类似，宜在详图中进行。

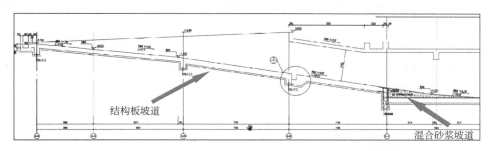

结构板坡道

混合砂浆坡道

图 2.6-9　坡道的两个部分

（1）创建混合砂浆坡道

1）编辑坡道类型属性

切换至"结构"选项卡，选择"楼板"/"楼板-结构"，点击"编辑类型"，修改其类型属性。修改时需复制一个类型，并重命名为"坡道-混合砂浆-750"，点击"结构/编辑"，搜索结构材质"砂浆"，选择相近的砂浆类型，复制/重命名为"混合砂浆"，并将其替换成结构材质。将板厚改为 750mm，并勾选"可变"，如图 2.6-10 所示。

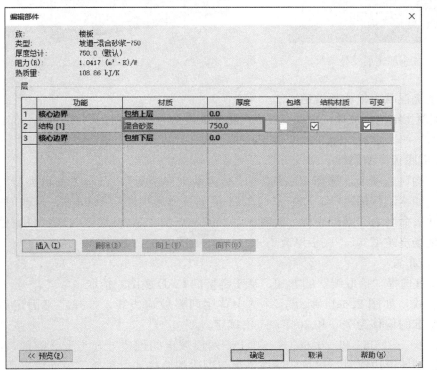

创建结构坡道-1

创建结构坡道-2

图 2.6-10　坡道类型属性修改

2）坡道底板布置

将分离好的坡道图链接入 Revit 中，然后选择上文创建的"坡道板-混合砂浆-750"，用"拾取线"的方式绘制－4.300～－3.550 范围坡道底边线，将约束条件设置为标高"B1F（结构）"，自标高的高度偏移"750"，点击"完成编辑模式"。此时标高为－4.030 的变坡点和起坡点处的标高没有到达设计要求，还需按以下步骤进行修改。

在标高为－4.030 的变坡点处绘制参照平面，选中创建的楼板，点击"修改子图元"/"添加分割线"，在标高为－4.030 的变坡点处绘制分割线，如图 2.6-11 所示。然后设置该变坡点及起坡点处的高程为－480 和－750，该段坡道即创建完成。如图 2.6-12 所示。

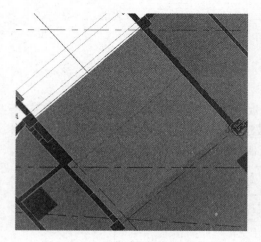 

图 2.6-11　添加参照平面及分割线　　　　　　图 2.6-12　混合砂浆坡道三维模型

（2）创建现浇混凝土结构板坡道

对于现浇混凝土结构板坡道，根据变坡点可将此坡道分为三段，标高分别为：－3.550～－1.252、－1.252～－0.663、－0.663～－0.150。

1）编辑坡道底板类型属性

切换至"结构"选项卡，选择"基础"/"结构基础：楼板"，点击"编辑类型"，修改其类型属性。如本工程标高－3.550～－1.252 范围坡道底板厚为 400mm，修改时需复制一个类型，并重命名为"基础底板＿混凝土＿400"，点击"结构/编辑"，将结构材质改为"混凝土，现场浇筑-C35"，底板厚改为 400mm，如图 2.6-13 所示。

2）坡道底板布置

此时，坡道宜选择"拾取线"的方式，基于链接的 CAD 底图，拾取－3.550～－1.252 范围坡道底板边线，如图 2.6-14 所示。并选中首尾两根坡道边线，选择定义固定高度，分别指定相对基准的偏移为 750 和 3048，点击确定。

标高－1.252～－0.663 和－0.663～－0.150 两段坡道的创建方式与上文类似，需要注意的是，在绘制坡道边线时，尽量要使坡道板与周边的墙柱和梁重叠，后面可采用"连接几何图形"剪切坡道板，从而避免坡道板与周边构件之间可能存在的空隙。

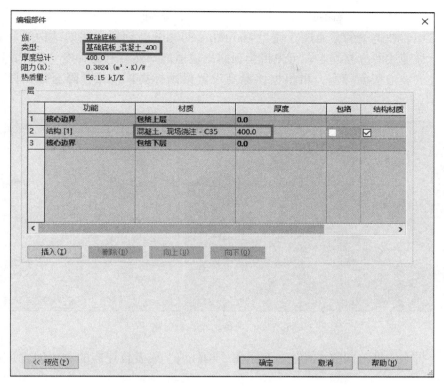

图 2.6-13　坡道底板信息修改

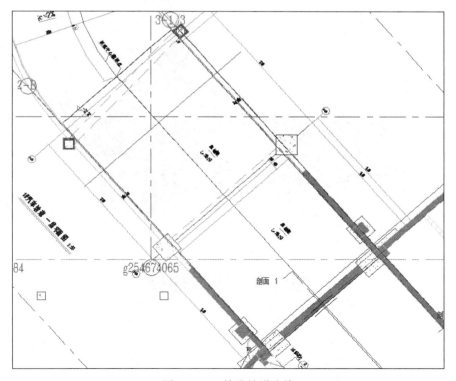

图 2.6-14　拾取坡道边线

（3）创建坡道梁

本项目中，坡道梁的截面尺寸均为 400mm×800mm。创建方法同结构梁，需要注意的是斜坡上坡道梁的标高确定，可先将梁顶露出坡道面，然后利用命令"EL"，确定标高相交位置处的坡道板面标高，再根据该标高设置梁顶标高，使梁顶降至板面以下。如图 2.6-15 所示。

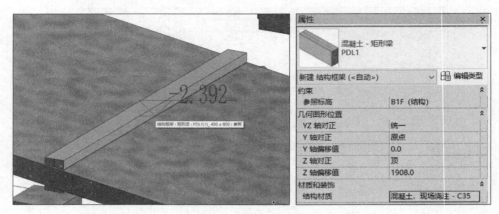

图 2.6-15　坡道梁标高设置

坡道上排水沟做法同前文所述，可采用"构件坞"或者自建族的方法创建并布置在相应位置。

按照以上步骤，根据坡道边坡线布置图书馆地下室坡道，点击三维视图，如图 2.6-16 所示。

图 2.6-16　地下室一层坡道三维视图

任务 3　建筑建模

任务书

1. 在老师的指导下完成作业 3.1～3.5。

2. 按时完成"图书馆-A-01"～"图书馆-A-05"各子任务项目文件。

3. 按时完成"图书馆-建筑"项目文件，并按要求提交。

4. 按时提交"图书馆-建筑-图面分析"。

5. 按时提交"任务 3　评价表"。

6. 根据教师反馈表及时修改模型。

任务 3 作业

📖 工作准备

1. 根据图纸，认真阅读本项目地下一层的建筑施工图，并完成"图纸准备 3.1"～"图纸准备 3.5"。

2. 每次子任务开始前均从上次保存的文件打开继续建模，每次子任务完成均按要求保存文件，为下次任务做准备。

3.1　建筑墙体的创建

打开"图书馆-结构"文件，并另存为"图书馆-A-01"项目文件。

1. 清理 CAD 图纸图层

清理 CAD
图纸图层

地下室建筑墙体绘制主要图纸依据是"JS-图书馆 _ 地下一层建筑平面图"，我们在任务 1 的 1.3"轴网与标高的创建"中已经插入该图，如果绘制过程中不小心被删除，则根据前述方法重新插入该 CAD 图纸。

通常导入 CAD 图纸后，软件运行速度就会慢下来，为了不影响操作的流畅性和软件的运行速度，我们往往需要对导入的图纸进行处理。可以在 CAD 软件中用"PU"命令清理冗余的图层，也可以在 Revit 中根据绘图的需要，用图形可见性命令"VV"关闭不必要的图层，仅留下必需的图层。如本项任务中，仅打开与建筑墙体相关的图层（图 3.1-1）。

2. 创建建筑墙体类型

本项目的建筑墙体包括地下室建筑内墙以及结构墙体的面层构造。根据建模标准，本模型是施工图模型，一般而言，此阶段的面层仅对建筑墙体的外立面面层做出要求，而内墙面层施工属于二次装修。在实际建模工作中，业主对内墙装修的要求各异，既有要求绘制面层的也有不需要绘制面层的，本书结合学生现阶段的实际能力和实践工作要求，对于建筑墙需要绘制面层构造，而结构墙体的面层构造由于涉及后期防火门开洞等问题，编辑过程相对复杂，本课程不做出要求。

建筑墙体的材质设置和构造层次绘制的依据是建筑施工图的"施工图设计说明"，从说明中可知地下室的内墙仅有"内墙1"这种样式。而其中结构层（即我们常说的建筑墙的基层）的厚度设置则依据"图书馆地下一层平面图"，从图中可知共有 100mm、200mm、250mm 三种厚度。

我们以 250mm 厚度的墙体为例学习墙体的类型创建。点击"建筑"/"墙：建筑"，点击基本墙族下的任一类型，再点击"类型属性"，复制重命名为"建筑内墙1-混凝土实心砖-250"，然后点击"结构"的编辑按钮，设置墙体的构造层次，如图 3.1-2 所示。

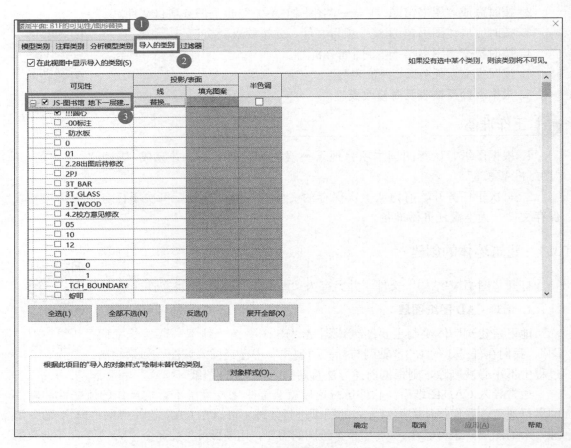

图 3.1-1　图纸图层可见性处理

创建建筑墙体类型

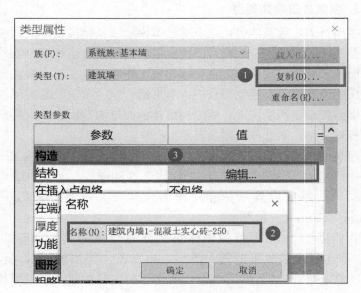

图 3.1-2　新建建筑内墙 1

根据建筑施工图设计说明的构造做法表，内墙 1 的面层有 5 道构造层次，而两边的面层为对称，加上基层，有实际功能的有 11 层，默认的墙体类型一般还会给出含"核心边界层"三层的构造层次，因此进入"编辑部件"对话框，首先点击"插入"增加层次，接着根据"向上""向下"的按钮进行排序，然后依次设定各层次的功能、厚度、材质。具体参见图 3.1-3。

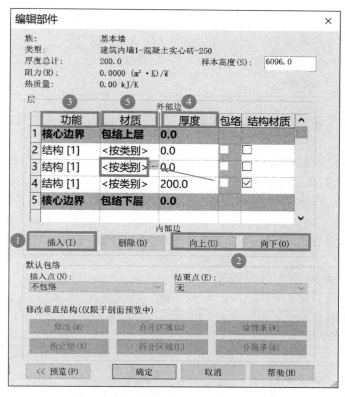

图 3.1-3 建筑内墙 1 构造层次设置

各构造层次的功能、厚度以及材质可参见表 3.1-1。核心边界层没有实际功能，仅作为定位用，涂膜层虽有实际功能但是厚度可以设置为 0。材质的设定是类型编辑的操作难点之一。

建筑内墙 1-混凝土实心砖-250　　　　　　　　　　　　　　　　　　　　　　表 3.1-1

层	功能	材质	厚度（mm）
1	涂膜层	白色无机涂料	0
2	面层 1[4]	耐水腻子	2
3	衬底[2]	1∶0.5∶2.5 水泥石灰膏砂浆	5
4	衬底[2]	1∶1∶6 水泥石灰膏砂浆	8
5	涂膜层	专用界面剂	0
6	核心边界	包络上层	0

层	功能	材质	厚度（mm）
7	结构[1]	MU15 混凝土实心砖	250
8	核心边界	包络下层	0
9	涂膜层	专用界面剂	0
10	衬底[2]	1：1：6 水泥石灰膏砂浆	8
11	衬底[2]	1：0.5：2.5 水泥石灰砂浆	5
12	面层 1[4]	耐水腻子	2
13	涂膜层	白色无机涂料	0

如图 3.1-3 箭头所指，点击材质中的"按类别"，则出现浮动按钮，点击按钮进入材质编辑器。

并非所有的材质都能在材质库找到，以基层即"结构[1]"的材质 MU15 混凝土实心砖为例，进入材质浏览器，首先搜索栏中输入"砖"，不管在文档还是在材质库面板中都没有找到完全对应混凝土实心砖这一名称的材质，但是实际上我们知道混凝土实心砖的外形和混凝土砌块非常接近，可以选中混凝土砌块这一材质，复制出一个新的材质，并重命名为"MU15 混凝土实心砖"（图 3.1-4）。其他的材质设置也可采用这种方

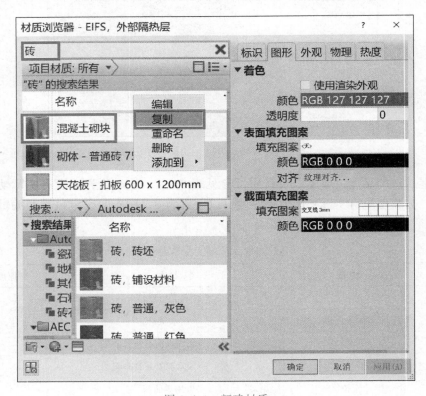

图 3.1-4 新建材质

法，如果没有名称完全一致的材质，可以通过类似的材质进行复制重命名，或做简单的修改。

创建完成"建筑内墙1-混凝土实心砖-250"后，则可以在此墙体类型基础上复制出"建筑内墙1-混凝土实心砖-200"和"建筑内墙1-混凝土实心砖-100"这两种墙体类型。具体的做法是复制并重命名，在结构的"编辑部件"对话框中把"结构［1］"层的厚度分别修改为 200mm 和 100mm 即可。

3. 绘制建筑墙体

打开 B1F 楼层平面图，依次绘制 250mm、200mm、100mm 厚度的建筑墙体（虽然不同的厚度没有规定的绘制顺序，但是要养成有序绘图的习惯）。如图 3.1-5 所示，墙体定位方式有多种，本项目中建筑墙体定位方法可以根据图纸灵活地选择"墙中心线""核心面：外部""核心面：内部"这三种。如果不想切换定位方式，也可以先绘制墙体，然后再通过修改命令如"对齐"等方法调整位置。

B1F 的内墙高度应该附着于 F1 结构楼板的底部，因此可以结合结构建模，绘制前将其约束的顶部约束设置到结构楼板的底部。本项目中结构板的厚度有多种类型且还存在板面标高有变化的情况，因此内墙的顶部约束情况较多，为免设置复杂且乱中出错，可以统一将其顶部标高设置到"F1"或者"F1（结构）"（图 3.1-6），完成创建后再通过墙体的"附着顶部"的方法扣除多余的高度。

如图 3.1-7 所示，通过窗口平铺（快捷键"WT"），把 B1F 楼层平面和土建：三维视图同时打开，在楼层平面图上选中墙体，三维图也会相应蓝显。

图 3.1-5　墙体定位方式

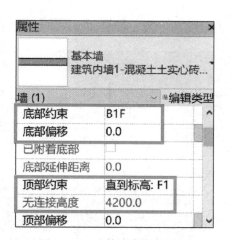

绘制建筑墙体

图 3.1-6　墙体约束条件设置

在上下文功能区出现"修改｜墙"面板，点击"附着顶部/底部"（图 3.1-8），鼠标点击三维视图的标题栏把视图切换到三维去，并选中墙体上面的结构板，这样通过附着到顶部的方法就能改变墙体的顶部约束，墙体附着之后顶部约束的偏移量就会发生变化，如图 3.1-9 所示。

绘制完成后效果如图 3.1-10 所示。保存文件，退出软件。

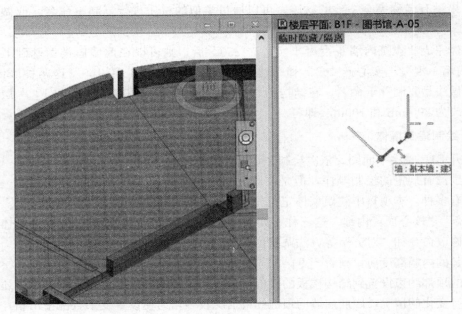

图 3.1-7　窗口平铺

图 3.1-8　修改墙

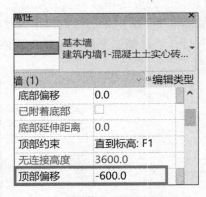

图 3.1-9　墙体修改后的顶部偏移

图 3.1-10　B1F 建筑内墙三维图

3.2　建筑门窗的创建

打开文件"图书馆-A-01"，并另存为"图书馆-A-02"。

1. 图纸分析

地下室负一层的门窗可以从多张图纸上找到相关信息，在此主要参考"JS-图书馆_地下一层建筑平面图"图纸。

打开"JS-图书馆_地下一层建筑平面图"的 CAD 图纸，首先通过识图可知地下室没有窗，所以只要绘制门即可。其次，地下室的门都是防火门或密闭门，在项目中编号都带有"FM"两个字母，因此可以利用查找命令"FIND"快速查询。通过查询，可以快速获得门的总体情况，如图 3.2-1 所示，共有 46 樘，类型有单扇防火门，也有双扇防火门，还有密闭门。

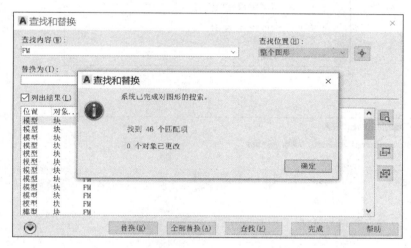

图 3.2-1　门信息查询

2. 视图设置

关于门的基本认识有：首先，门属于建筑专业的构件；其次，门是构件图元，不是主体图元，即不能单独存在，必须基于墙体才能建模。

视图设置

在地下室中，门不仅安装在建筑墙体里，也安装在结构墙体（剪力墙）里，而样板文件中不同的平面图根据专业不同进行不同的设置，因此在楼层平面图只能绘制建筑墙体的门，而其他门则需要打开结构平面进行绘制，这样既不方便也不能完整观察门的放置情况。因此在门建模前，可以复制一个平面，在此视图中不仅能看到建筑墙体，还能看到结构墙体。

首先，选中 B1F 楼层平面图，复制此图，并选择"带细节复制"，这样不仅能复制视图还能把链接的 CAD 图复制到新视图，重命名为"B1F-门窗"。然后不改变此平面图的其他属性，仅打开其"图形可见性/图形替换"修改其过滤器，把结构墙体也勾选上。这样在"B1F-门窗"的楼层平面图上就能看到地下一层的所有墙体。其操作可分别参考图 3.2-2 及图 3.2-3。

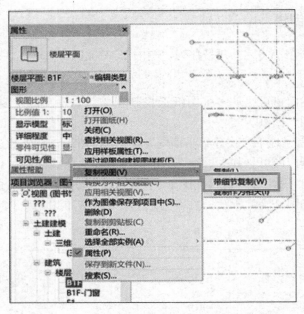

图 3.2-2 复制楼层平面

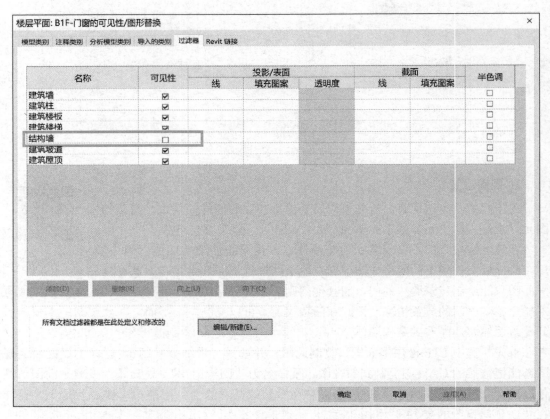

图 3.2-3 "B1F-门窗"过滤器设置

最后，对链接进来的 CAD 图纸进行清理，如同前文一样操作，打开"图形可见性/图形替换"/"导入的类别"，仅勾选和门窗相关的图层即可，具体参照图 3.2-4。

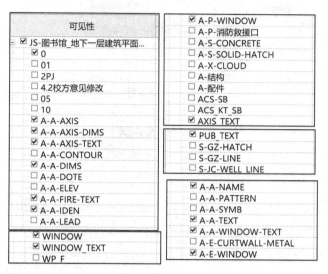

图 3.2-4　CAD 图层设置

对于链接进来的 CAD 底图的清理，目的就是让画面干净、信息明确，至于哪些图层需要关闭哪些图层需要打开，具体需依据绘制的要求，而图层的查询不仅可以在 CAD 软件通过"MO"等命令获取还可以直接在 Revit 软件中查询得到。选中链接文件后，功能区出现"查询"命令，点击"查询"，再单击需要查询的内容，则显示其图层等相关信息。如图 3.2-5 所示。

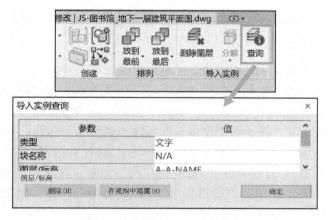

图 3.2-5　链接 CAD 文件查询

此外，链接进来的图纸在默认设置下是作为背景，如果绘制的构件越来越多，可能会导致图纸上一些重要信息被 Revit 构件遮挡，这时可以选中图纸，在属性面板中将"绘制图层"这一栏临时调整为"前景"，如图 3.2-6 所示。

3. 类型设置及放置

在 3.2.1 中已经分析过，本项目地下室的门主要是防火门与密闭门，在软件自带的族

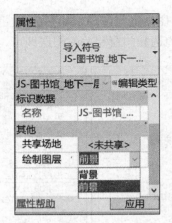

类型设置及放置

图 3.2-6　链接图纸的绘制图层

库没有这两种门的族，可以通过扫描本教材二维码下载数字资源中门的族，并通过"插入"/"载入族"的方式把这四种门的族载入文件中去（图 3.2-7）。

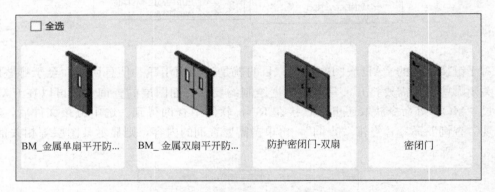

图 3.2-7　本项目需要的门的族

我们在建模过程中需要用到很多族，但是自带的族库不够丰富，通常需要根据要求创建带参数的族，此外网络上也有一些免费资源可以帮助大家节省时间。资源的获取也是非常重要的能力，读者需要在学习中不断积累此方面的资源和信息。

本项目中门的类型有多种，而类型设置的具体步骤都是一样的，本教材将以单扇防火门的设置为例进行详细操作。从图纸可知单扇防火门共有两种类型，分别是"FM 甲0921"和"FM 甲 1021"。首先点击"建筑"/"门"命令，在属性面板中选择"BM＿金属单扇平开防火门"族，并点击"编辑类型"，进入类型编辑器，复制并重命名为"FM甲 0921"，并根据图 3.2-8 进行具体设置。

用同样的方法设置"FM 甲 1021"以及所有双扇防火门以及密闭门类型。

4. 放置门构件

类型设置完成后就可以根据图纸依次放置门构件。平开门的朝向通过鼠标的移动来控制，单扇平开门除了朝向还有左右翻转问题，其翻转则是通过单击空格键进行控制。

在放置过程中如果需要精准定位所需时间较多，可以等全部门构件放置完毕之后再统一调整其水平位置（一般而言如果没有设置门槛，则门底部与楼板齐平，所以不需要作高

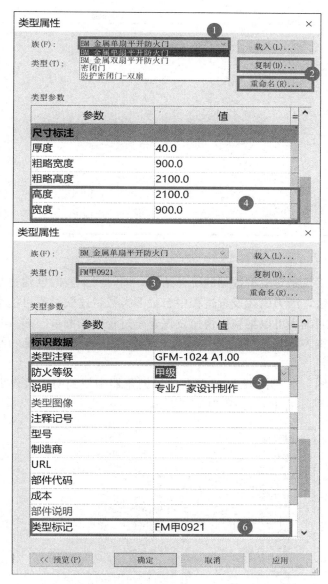

放置门构件

图 3.2-8　门的类型设置

度位置的调整）。仍以"FM 甲 0921"为例，主要的参照就是 CAD 底图，所以放置后点击修改工具面板的"对齐"，以底图的相应的线为参照，把门对齐到相应位置。而如图 3.2-9中所示密封门"HFM0820（6）"是有尺寸标注定位的，还可以通过修改临时尺寸标注来调整。具体操作是单击构件，出现蓝色的临时尺寸标注后，点击标注数字把其修改为"900"（和图纸一致）就可以了。

一般而言，门在墙上的位置或居中或有门垛，具体情况应对照平面图及相关说明，调整其平面位置的方法较多，应视具体情况灵活操作。

5. 创建门的明细表

在以前的学习过程中，通常会把明细表的创建看作是模型完成后出图的一部分，而实

图 3.2-9　修改门的临时尺寸标注

际应用中，明细表不仅是对模型数据的统计结果，同时明细表的创建也是反向检核模型创建正确性的一种方法，因为门在设置过程中有很多参数，建模过程可能会忽略设置或者设置错误，通过创建明细表可以帮我们快速发现建模过程中的漏放、多放构件，参数设置错误等问题。所以明细表既是最终的一个成果，也是门构件创建过程一种重要的反向检核方法。

　　首先通过"视图"/"明细表"或者在项目浏览器中找到明细表点右键新建门的明细表，进入图 3.2-10 所示界面，选择"门"构件。

创建门的明细表

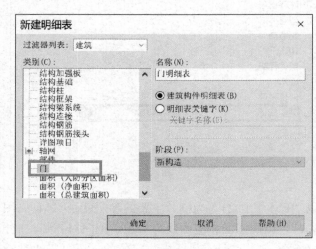

图 3.2-10　创建门明细表

　　接着在"明细表属性"中进入"字段"设置，选择如图 3.2-11 所示的 7 个字段，并如图 3.2-11 所示进行排序。

　　字段设置完毕再点击"排序/成组"，依次按照"族与类型""类型标记""防火等级""标高"进行排序，最后把"总计"勾选上，并把"逐项列举每个实例"的勾选去掉（图3.2-12）。

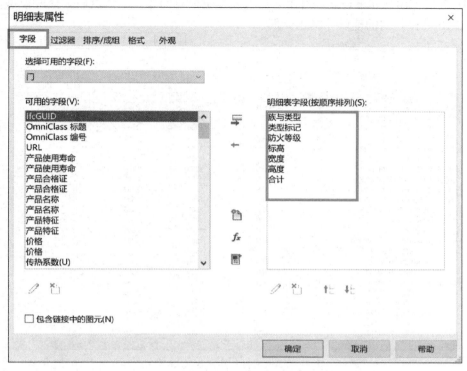

图 3.2-11　门明细表的字段及字段顺序

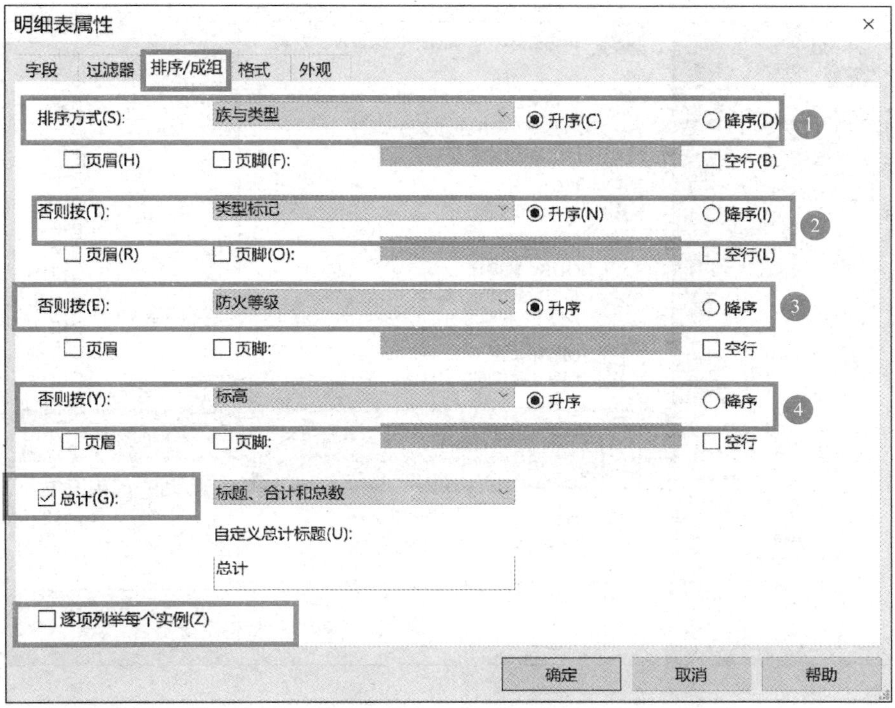

图 3.2-12　门明细表的排序与成组

对照图 3.2-13，如果与此表有出入那么就是建模有问题，应该返回去修改模型，直到和图 3.2-13 一样，门的建模才真正完成。

族与类型	类型标记	防火等级	标高	宽度	高度	合计
			<门明细表>			
A	B	C	D	E	F	G
BM_金属单扇平开	FM甲0921	甲级	B1F	900	2100	1
BM_金属单扇平开	FM甲0921	甲级	B1F	900	2100	1
BM_金属单扇平开	FM甲1021	甲级	B1F	1000	2100	1
BM_金属双扇平开	FM乙1223	乙级	B1F	1200	2300	1
BM_金属双扇平开	FM乙1523	乙级	B1F	1500	2300	1
BM_金属双扇平开	FM乙1523	乙级	B1F	1500	2300	3
BM_金属双扇平开	FM甲1221	甲级	B1F	1200	2100	3
BM_金属双扇平开	FM甲1223	甲级	B1F	1200	2300	2
BM_金属双扇平开	FM甲1521	甲级	B1F	1500	2100	1
BM_金属双扇平开	FM甲1523	甲级	B1F	1500	2300	14
密闭门: 1200 x 200	HHM1220	甲级	B1F	1200	2000	1
密闭门: HFM0820(	HM0724	甲级	B1F	800	2000	2
密闭门: HFM1520(	HM0721	甲级	B1F	1500	2000	1
密闭门: HHFM122	HHFM1220(6)	甲级	B1F	1200	2000	3
密闭门: HHFM152	HM0725	甲级	B1F	1500	2000	1
密闭门: HHM1220	HM0722	甲级	B1F	1200	2000	1
密闭门: HHM1520	HHM1520	甲级	B1F	1500	2000	1
密闭门: HK600(5)	HM0720	甲级	B1F	600	1400	2
密闭门: HM0716_7	HM0716	甲级	B1F	700	1600	1
密闭门: HM0820_8	HM0820	甲级	B1F	800	2000	1
密闭门: HM1520_1	HM0723	甲级	B1F	1500	2000	1
防护密闭门-双扇	HM0718		B1F	5800	2400	2
防护密闭门-双扇	HM0719		B1F	7000	2400	1
总计: 46						

图 3.2-13　门明细表

明细表作为数据统计的成果还可以单独存储，如图 3.2-14 所示，进入应用程序菜单，

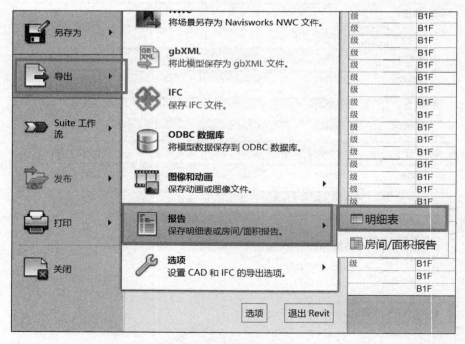

图 3.2-14　导出明细表

点击"导出"/"报告"/"明细表"，把门的明细表导出为 TXT 格式的文本，为了方便使用，后期可以把 TXT 文本转化为 Excel 格式。

本节至此全部完成，保存文件并退出软件。

3.3 建筑楼板的创建

打开"图书馆-A-02"文件，另存为"图书馆-A-03"项目文件。

1. 图纸分析

从任务 1 中轴网与标高的创建中我们可知，B1F 建筑标高与结构标高分别是－4.200 和－4.300，相差了 100mm，而这 100mm 就是 B1F 建筑楼板的厚度。大部分的楼地面的板面标高即楼层标高，而局部如电梯井、集水井等一些地方的楼地面的板面标高并不都是楼层标高，需要看局部标注。建筑楼板是在结构楼板之上的构造层次，因此在本节的学习中，要创建好 B1F 的建筑楼板，我们就必须紧密结合结构楼板（底板）图纸的识读和结构楼板（底板）的创建。

从图纸可知，地下室的建筑楼地面做法如表 3.3-1 所示。

地下室建筑楼地面做法   表 3.3-1

序号	房间名称	构造类型
1	维修间、配电间、库房、其他	楼地面(5)
2	水泵房、冷冻机房、进风、排风机房、报警阀间	楼地面(6)
3	走道、电梯厅	楼地面(1)
4	楼梯间	楼地面(11)
5	密集书库、管理间	楼地面(3)

可见地下室的建筑楼地面用到了 5 种类型，为了方便后期建模，我们也把这 5 种构造做法整理成一张表格，见表 3.3-2。

地下室建筑楼地面构造做法表   表 3.3-2

编号	名称	构造做法
楼地面(1)	地砖楼地面 （100mm）	1. 10 厚 600×600 地砖铺实拍平，干水泥擦缝 2. 40 厚 1：3 干硬性水泥砂浆结合层 3. 水泥浆一道（内掺建筑胶） 4. 50 厚 C15 混凝土垫层
楼地面(3)	防滑地砖楼地面 （100mm）	1. 10 厚 600×600 地砖铺实拍平 2. 20 厚 1：2 水泥砂浆结合层 3. 18 厚 1：3 水泥砂浆结合层 4. 2 厚 JS 防水涂料 5. 50 厚 C20 细石混凝土
楼地面(5)	水泥砂浆楼地面 （100mm）	1. 20 厚 1：2.5 水泥砂浆 2. 刷水泥砂浆一道（内含建筑胶水） 3. 80 厚 C15 混凝土垫层

编号	名称	构造做法
楼地面（6）	水泥砂浆楼地面 有防水层 （100mm）	1. 15 厚 1：2.5 水泥砂浆 2. 35 厚 C20 细石混凝土 3. 2 厚聚氨酯防水层 4. 最薄处 18 厚水泥砂浆找坡层，抹平 5. 刷水泥砂浆一道（内含建筑胶水） 6. 30 厚 C15 混凝土垫层
楼地面（11）	专用材料汽车坡道地面 （100mm）	1. 6 厚黄绿相间止滑车道，采用金刚砂骨料改性聚合物砂浆喷砂 2. 界面剂一道粘合 3. 最薄处 44 厚 C20 细石混凝土 4. 50 厚 C15 混凝土垫层

2. 视图设置

双击视图 B1F 楼层平面图，并输入"VV"命令进入平面图的可见性设置，依照 3.2 的方法对导入的"JS-图书馆 _ 地下一层建筑平面图"文件进行可见性设置，由于在上一节已经详细介绍过方法，本节不再详细介绍和列出需要打开的图层，读者在设置过程中遵循的原则就是需要的图层设为可见，不需要的则设为不可见。

楼板的边界线主要是墙，而顶部标高超出楼面标高的柱子和梁也是楼板的边界线，因此绘制楼板时可以在过滤器中把结构柱、结构梁、结构墙临时打开，绘制完毕后再关闭（图 3.3-1）。

视图设置

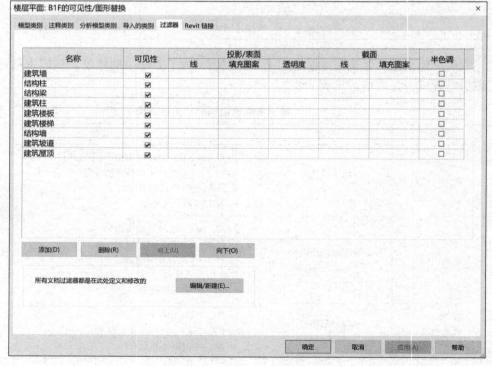

图 3.3-1　过滤器设置

3. 类型设置

根据表 3.3-2 设置建筑楼地面。以楼地面（1）的设置为例，可按照以下步骤进行。

（1）点击"建筑"/"楼板"/"建筑楼板"，进入楼板绘制模式。在属性面板中可以以"常规-150"为基础，修改类型属性，复制一个新的类型，并命名为"建筑楼地面1-地砖-100"（图 3.3-2）。

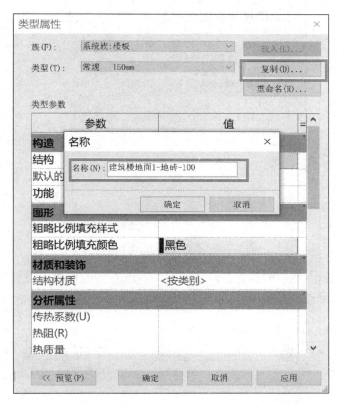

类型设置-1

类型设置-2

图 3.3-2 新建楼板类型

（2）设置楼板的构造层次，如图 3.3-3 所示，新建楼板类型后点击"结构"进入构造层次的设置。首先点击"插入"得到除"核心边界层"外的 4 个构造层次，并通过"上移"或者"下移"进行排序。再依次把构造层次 2～5 的功能分别设置为面层 1［4］、面层 2［5］、涂膜层和衬底［2］，厚度分别 10、40、0、50。图中的核心边界层并没有实际功能，其作用就是定位。

（3）完成构造层次的设置后，要设置其材质，比如构造层次 2，即 600×600 地砖，点击其材质属性进入材质编辑器。材质库上并没有 600×600 地砖或者地砖的材质，但是其外观和花岗岩非常像，所以可以利用花岗岩的材质修改为地砖。首先搜索"花岗岩"材质（图 3.3-4），并把最接近地砖的"花岗岩，挖方，抛光"添加到文档中，在文档中选中"花岗岩，挖方，抛光"材质并按右键复制、重命名一个"600×600"材质，选中新建的材质后，点击编辑器的"外观"，鼠标单击图像，进入纹理编辑器，在纹理编辑器中首先解锁纵横比，把尺寸改为 600×600（图 3.3-5），点击"完成"退出纹理编辑器，并按

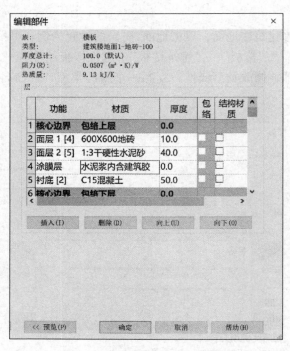

图 3.3-3 楼地面构造层次的设置

"确定"完成 600×600 地砖的设置。除了用材质库已有接近材质去设置新材质之外,还可以通过插入的图像设置新材质。

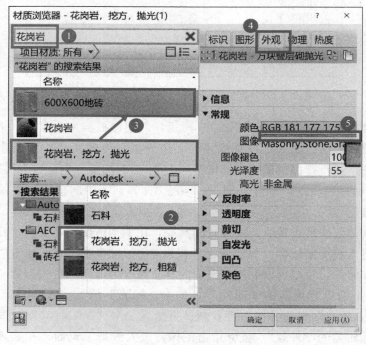

图 3.3-4 地砖材质设置

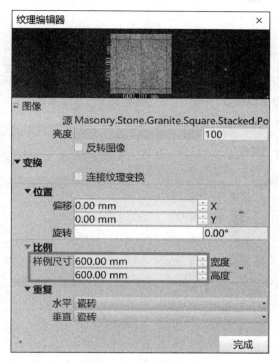

图 3.3-5　常规图像纹理编辑

第 3 层——1:3 干硬性水泥砂可以通过 1:2.5 水泥砂浆新建,同样第 4 层——水泥浆内含建筑胶水在灰泥基础上新建,第 5 层——C15 混凝土可以在"混凝土,现场浇筑-C15"基础上新建。这三种材质只要复制并重命名即可,无需对其他属性做出修改。

至此,"建筑楼地面 1-地砖-100"的类型属性设置完成,用同样的方法把另外 4 种楼地面分别设置为"建筑楼地面 3-防滑地砖-100""建筑楼地面 5-水泥砂浆-100""建筑楼地面 6-防水水泥砂浆-100"和"建筑楼地面 11-金刚砂-100"。

不管是楼板还是墙体或者其他构件,在材质设置中,不一定所有的材质都能在原有的材质库找到相同或者类似的材质,这时候可以通过载入图片来获得更加逼真的效果。图片可以是网络下载的,也可以是实地拍摄的,或者软件绘制的,只要符合图片格式(PNG、BMP、JPG、JPEG、TIF)即可。如"建筑楼地面 11-金刚砂-100"的黄绿相间止滑车道在原有材质库并没有类似的类型可以修改,为了获得接近实际车道的真实效果,打开材质浏览器后,点击"创建并复制材质",如图 3.3-6 所示,并把新建材质重命名为"金刚砂,黄绿相间,止滑车道"。

点击新建的材质"金刚砂,黄绿相间,止滑车道"修改其外观属性(图 3.3-7),在"常规"中点击"图像",并把需要的图像导入进来(图 3.3-8),然后点击图像的图片,进入纹理编辑,根据实际情况,调整修改纹理的位置、比例、尺寸等直到呈现出较理想的效果(图 3.3-9)。如本项目的止滑车道经过对材质的编辑后,在真实的视图模式下呈现的效果如图 3.3-10 所示。

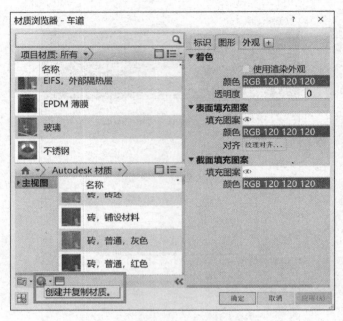

图 3.3-6　创建新材质

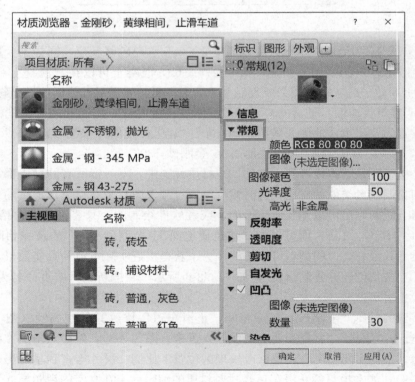

图 3.3-7　设置材质外观

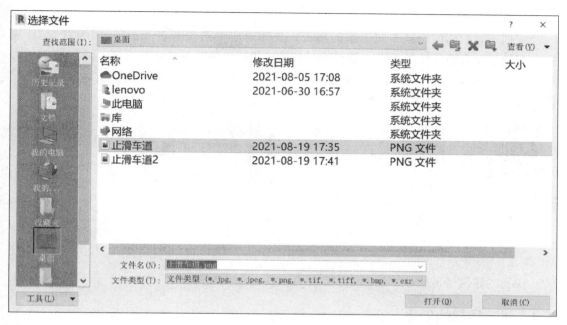

图 3.3-8　导入图像

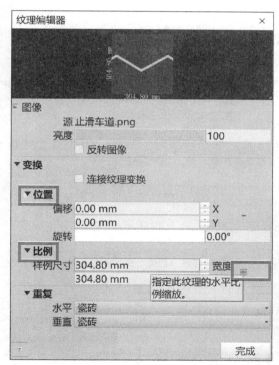

图 3.3-9　材质纹理编辑

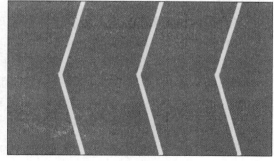

图 3.3-10　黄绿相间止滑车道

4. 楼板绘制

根据不同的部位绘制不同类型的楼板，具体对应关系参考表 3.3-1。因为有 CAD 底图，而且已经有墙、柱等边界，绘制的时候选择"拾取线"方式比较合适。除了个别地方外，约束条件都可以标高 B1F 为板面标高（图 3.3-11），个别地方则根据实际情况输入偏移距离。

楼板绘制

图 3.3-11　楼板约束条件和绘制方法

B1F 的建筑楼地板全部绘制完成，保存文件并退出软件。

3.4　建筑楼梯的创建

打开"图书馆-A-03"文件，另存为"图书馆-A-04"项目文件。

1. 图纸分析和准备

建筑楼梯的
建模准备

根据图纸我们得到关于地下室建筑楼梯建模的以下几个关键信息：

（1）共有"1♯楼梯"～"4♯楼梯"4 个楼梯。

（2）楼梯的平面形式均为平行双跑式，标高均是从 B1F 到 F1，即高度 4200mm。

（3）4 个楼梯踏步宽均为 280mm。

（4）除了 1♯楼梯踏步数为 25 步，即踏步高为 168mm，其他 3 个楼梯的步数均为 28 步，即踏步高为 150mm。

（5）1♯楼梯的梯段实际宽度为 1470mm，2♯和 4♯楼梯的梯段实际宽度为 1320mm，3♯楼梯的梯段实际宽度为 1520mm。

（6）踏面和踢面的宽度结合结构图纸可知厚度为 50mm，其材质见"注"，为花岗岩。

（7）扶手均为靠墙扶手。

楼梯的施工图一般参考详图，原图纸并没有提供各个楼梯的独立的图纸文件，建模前，应对图纸进行分割，分别得到 1♯～4♯楼梯的负一层建筑平面图。

2. 视图处理

打开"B1F"平面视图，点击"视图"菜单的"详图索引"/"矩形"（图 3.4-1），用鼠标在 1♯楼梯获得一个平面详图，并在项目浏览器中把详图重命名为"B1F-1♯楼梯详图"。用同样的方法分别得到 2♯～4♯

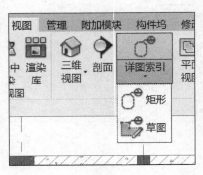

图 3.4-1　创建楼梯详图

楼梯的详图，并按照1♯楼梯详图的命名格式进行命名。

详图视图属性按照默认设置即可，视图可见性设置的原则还是同前面章节，需要显示的图元要显示完整，不需要的可以不显示。在详图中除了显示必要的建筑模型图元外，还可以通过过滤器把结构楼梯临时打开，绘制完成后再关闭。除此之外详图的视图比例一般较大，这里我们可以和图纸的比例设置一致，均设为1：50。本项目中楼梯较多，而且每个楼梯详图的视图显示方式都应设置为一样，这样我们也可以设置一个"楼梯-平面大样"的视图样板（图3.4-2），每个楼梯详图都按照样板设置即可，无需逐个设置。

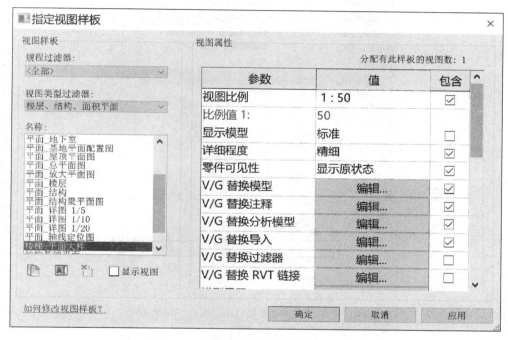

图 3.4-2 新建"楼梯-平面大样"视图样板

3. 类型属性设置

我们以1♯楼梯的绘制为例学习具体的操作方法和步骤。

双击进入"B1F-1♯楼梯详图"视图，点击"建筑"/"楼梯"，选择"组合楼梯"族，复制为"建筑1♯楼梯"。根据图纸分析可知图3.4-3所示的计算规则的3个参数值设置均符合要求，无需修改。

点击梯段类型，进入梯段的属性设置。首先复制一个类型命名为"50mm踏板50mm踢面"的梯段，然后修改踏板和踢面的材质，都设为花岗岩，接着分别设置踏板，勾选踏板，并把厚度设为50，同样勾选上踢面，厚度也修改为50，其他使用默认设置即可，梯段属性设置完成，如图3.4-4所示。

梯段属性设置完成后再次回到楼梯类型属性设置界面，把支撑形式都改为无，如图3.4-5所示，点击"确定"完成楼梯属性设置。

建筑2♯～4♯楼梯类型通过复制"建筑1♯楼梯"重命名即可，无需再做修改。

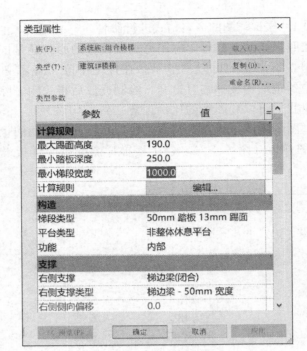

类型属性设置

图 3.4-3 新建建筑

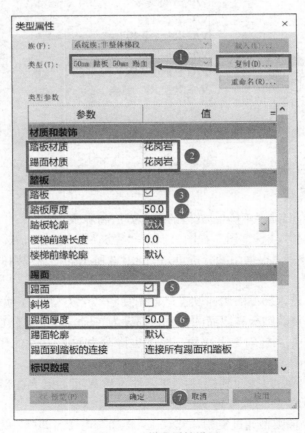

图 3.4-4 梯段属性设置

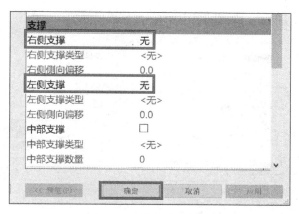

图 3.4-5　楼梯支撑设置

4. 创建楼梯

楼梯绘制时定位的方法有多种，如插入建筑楼梯详图的 CAD 文件，在 CAD 底图上进行绘制，这种方法对于结构楼梯绘制是较合适的选择。而建筑楼梯创建时，结构楼梯已完成创建，根据两者的关系，以结构楼梯为底图绘制建筑楼梯是最优方法。

对于建筑楼梯是如何利用结构楼梯进行创建的，我们将以建筑 1♯ 楼梯为例进行具体介绍。

根据之前的建模准备工作得到的建筑 1♯ 楼梯的实际各项参数值进行设置。

在选项栏里，定位线默认选择"梯段：中心"（也可以选择梯段的左侧或者右侧，视具体情况而定，影响不大），在实际梯段宽度处输入数值"1470"，并勾选"自动平台"，即主动生成休息平台。如图 3.4-6 所示。

创建楼梯

图 3.4-6　建筑 1♯ 楼梯选项栏设置

在项目面板中首先选择约束条件是"B1F"和"F1"，输入所需踏步数"25"，软件也自动计算出踏面高度"166"，实际踏板深度"280"。如图 3.4-7 所示。

在上下文选项卡"工具"面板中单击"栏杆扶手"，将其设置为无，即不自动生成栏杆扶手，并点击"确定"按钮退出此对话框。如图 3.4-8 所示。

如图 3.4-9 所示选择梯段绘制方法。

绘制时鼠标找到结构楼梯的第一步踏步中点开始绘制，直到第一跑最后一步中点结束第一跑的绘制，共 14 步，同样捕捉到在结构楼梯的第二跑的第一步中点开始绘制，直到 25 步全部完成。

从原设计图可知建筑楼梯和结构楼梯有 50mm 的偏差，因此绘制完成之后选中建筑 1♯ 楼梯，点击"修改"/"移动"，使得建

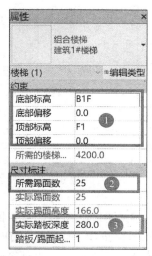

图 3.4-7　建筑 1♯ 楼梯
属性面板设置

筑楼梯在结构楼梯下方50mm。如图3.4-10所示，梯段已完成。

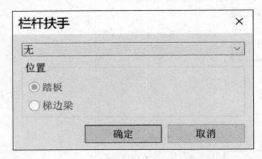

图 3.4-8　栏杆扶手设置

图 3.4-9　梯段绘制方法

　　以结构楼梯为底图绘制的方法基于两个前提，第一是结构楼梯在建筑楼梯之前绘制，第二是结构楼梯绘制正确。BIM建模在国内最初的应用是翻模，就是如同本项目一样，先有设计施工图纸而后才有模型，随着应用的深入和建筑领域对BIM应用的接受程度越来越高，已经开始正向设计，而正向设计一般是先建筑建模而后结构建模，因此我们掌握在没有结构楼梯的基础上进行建筑楼梯建模的方法也是非常必要的。

　　双击进入"B1F-2♯楼梯详图"，和绘制1♯建筑楼梯不一样，为了不被结构楼梯干扰，需要通过过滤器先把结构楼梯关闭，如图3.4-11所示。

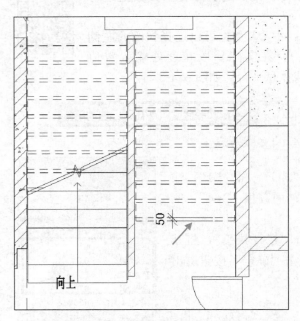

图 3.4-10　修改建筑楼梯位置

名称	可见性
建筑墙	☑
结构楼梯	☐
结构楼板	☑
结构柱	☐
结构梁	☐
建筑柱	☑
建筑楼板	☑
建筑楼梯	☑
结构墙	☑
建筑坡道	☑
建筑屋顶	☑

图 3.4-11　过滤器设置

　　关闭过滤器对话框，回到视图，单击"插入"/"链接CAD"，插入分割过的"2♯楼梯B1F建筑平面图"，如果详图的原点没有和整体平面图的原点保持一致，图纸插入坐标可能会偏移很远，这时候可以选择"手动-中心"这种定位方式（图3.4-12）。另外，还要注意导入单位是否正确，并确保选择了"仅当前视图"。

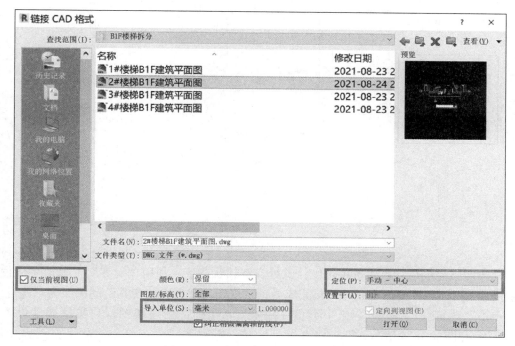

图 3.4-12　插入建筑 2♯楼梯平面图

在视图大概中心位置放置好图纸。这样插入进来的 CAD 图纸还需要手动调整，首先为了让图纸能看清楚，我们选中图纸，把它临时改为"前景"，如图 3.4-13 所示。

如果我们当初创建的详图范围比较小，无法观察到图纸的全部内容从而导致缺乏足够信息定位，可用两种方法进行处理，第一种方法是临时关闭"裁剪视图"选项框（图 3.4-14），相当于返回到整体视图，第二种方法是调整裁剪区域，先选中裁剪区域，通过拖拽控制柄改变裁剪区域（图 3.4-15），或者在上下文功能区中点击模式面板的"编辑裁剪"（图 3.4-16）。不管以上的哪种方法，其目的就是能在详图中相对完整地显示链接进来的图纸，此问题在普通的平面视图上不存在。

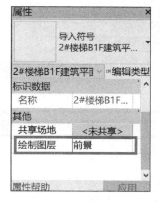

图 3.4-13　改变图纸绘制图层

图 3.4-14　详图范围设定

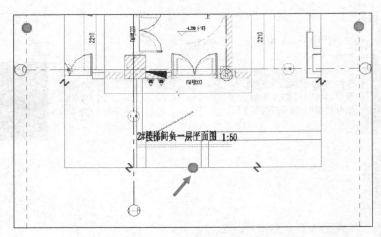

图 3.4-15　拖拽控制柄

　　视图调整完成后，再次选中图纸让其处在解锁状态下，利用"对齐"等修改手段使得图纸的坐标和 Revit 坐标对齐，调整完成后锁定视图，并再次改变其绘制图层为"背景"。

　　点击"建筑"／"楼梯"，选中类型"建筑 2♯楼梯"创建楼梯，其实例属性设置如图 3.4-17 和图 3.4-18 所示。

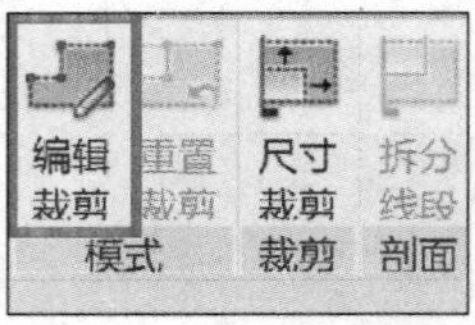

图 3.4-16　编辑裁剪

图 3.4-17　建筑 2♯楼梯属性面板参数设定

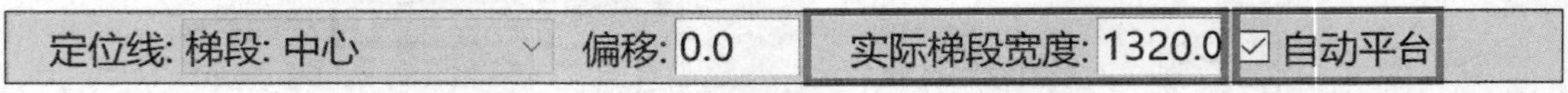

| 定位线: | 梯段: 中心 | 偏移: 0.0 | 实际梯段宽度: 1320.0 | ☑ 自动平台 |

图 3.4-18　建筑 2♯楼梯选项栏参数设定

　　和建筑 1♯楼梯一样用梯段绘制，并把栏杆扶手设为"无"，然后在 CAD 底图上完成绘制。

　　建筑 3♯楼梯和建筑 4♯楼梯可以选择其中任意一种方法绘制完成。

5. 栏杆扶手类型设置

根据图纸可知地下一层的楼梯梯段扶手高为 900mm，类型为靠墙扶手，扶手轮廓为矩形 40mm×60mm，支座材质是不锈钢。

在设置扶手类型前我们需提前编辑扶手中应用到的两个族，分别是扶手轮廓和连接件。这两个族都相对简单，只要找到相应的族类型修改参数即可。点击"项目浏览器"/"族"/"轮廓"/"矩形扶手"，点击类型"50×50mm"，复制重命名为"40×60mm"，并修改高为 40，宽为 60，具体如图 3.4-19 所示。

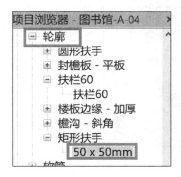

图 3.4-19　新建轮廓族

如果轮廓的形状很有特点，无法在既有族上修改参数得到，就需要载入新的轮廓族或者创建一个轮廓族。

不锈钢的支座设置与此类似。点击"项目浏览器"/"族"/"栏杆扶手"/"支座-金属-圆形"，点击类型"支座-金属-圆形"，复制重命名为"支座-不锈钢-圆形"，并把原类型"铝"修改为不锈钢即可，具体如图 3.4-20 所示。

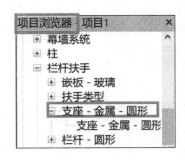
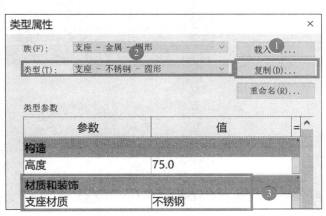

图 3.4-20　不锈钢支座

如果支座有更多的信息，那么也可以通过修改其他参数来满足设计要求。

准备工作已完成，开始创建栏杆扶手类型。点击"建筑"/"栏杆扶手"/"绘制栏杆扶手"，进入栏杆扶手的属性面板，点击"编辑类型"。如图 3.4-21 所示。选中一个栏杆高度为 900 的栏杆类型，在此基础上复制重命名为"靠墙扶手-左侧"，并依次点击"栏杆结构"和"栏杆位置"进行编辑，然后在"使用顶部扶栏"中选择"否"，在扶手 1 类型中选择"管道-墙式安装"，位置设为"左侧"，按"确定"按钮完成设置。

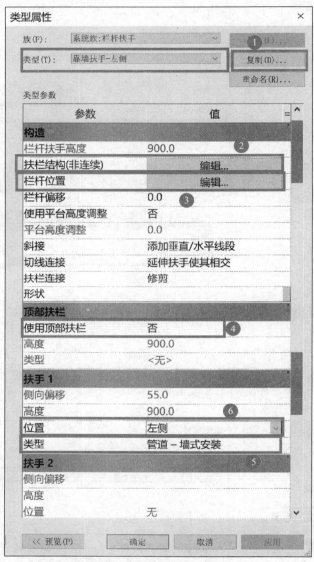

栏杆扶手类型设置

图 3.4-21　"靠墙扶手-左侧"的类型设置

"栏杆结构"编辑具体见图 3.4-22。删除所有扶栏，并按"确定"按钮返回类型属性对话框。

"栏杆位置"编辑具体见图 3.4-23。把所有栏杆族均设为"无"，把"楼梯上每个踏板都使用栏杆"的勾选去掉，按"确定"按钮返回类型属性对话框。

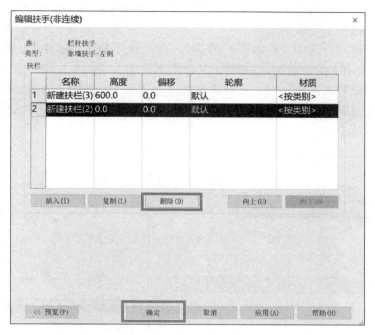

图 3.4-22　编辑栏杆结构

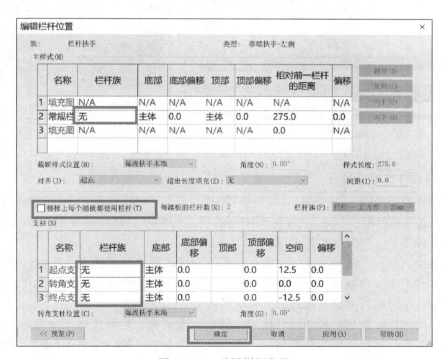

图 3.4-23　编辑栏杆位置

　　扶手 1 类型设置具体见图 3.4-24。选择类型为"管道-墙式安装",选择轮廓为"矩形扶手：40×60mm",材质设置为"硬木",支座族设为"支座-不锈钢板-圆形",按"确定"按钮返回类型属性对话框，在类型属性对话框点击"确定"按钮完成"靠墙扶手-左侧"属性设置，进行下一步的绘制。

绘制右侧栏杆时，选中"靠墙扶手-左侧"，点击属性编辑，复制重命名为"靠墙扶手-右侧"，仅改变扶手1的位置为"右侧"，其他均不改变。

扶手材质的设置见图3.4-25，在材质库中没有硬木这一类型，然而我们知道橡木属于硬木的一种，故复制"橡木"重命名为"硬木"即可。选中新建材质"硬木"，按下"确定"按钮完成材质设定。

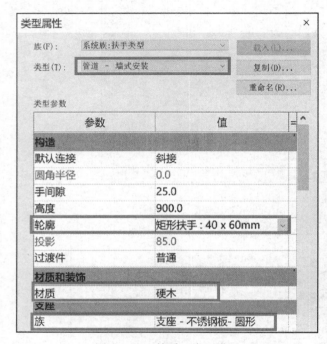

图 3.4-24　扶手1类型设置

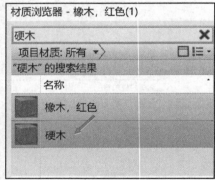

图 3.4-25　硬木材质设置

6. 绘制栏杆扶手路径

进入楼梯详图视图，如"B1F-1♯楼梯详图"，点击"栏杆扶手"/"绘制路径"命令，选中"靠墙扶手-左侧"类型，在楼梯间中间的墙左侧绘制栏杆路径如图3.4-26所示，在模型模板下按下"√"完成栏杆绘制。

通过"绘制路径"这种方法得到的栏杆并不会主动附着到楼梯去，需要点击新创建的栏杆扶手，在上下文功能区的工具模块中点击"拾取新主体"命令（图3.4-27），然后鼠标选中楼梯，这时栏杆才会自动附着到楼梯主体去。

用同样的方法绘制另一侧的栏杆扶手。值得注意的是，如果选择了"靠墙扶手-左侧"这一类型，当栏杆路径为顺时针绘制时，则为扶手在支座左侧，反之在右侧。此原理同样适用于"靠墙扶手-右侧"，即顺时针绘制，扶手位置与设定一致，逆时针则相反。

所有的栏杆绘制完成后，楼梯的三维效果如图3.4-28所示，本节任务完成，保存文件，退出软件。

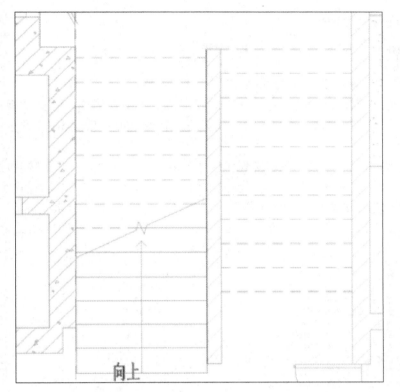

绘制栏杆扶手路径

图 3.4-26　绘制栏杆路径

图 3.4-27　拾取新主体

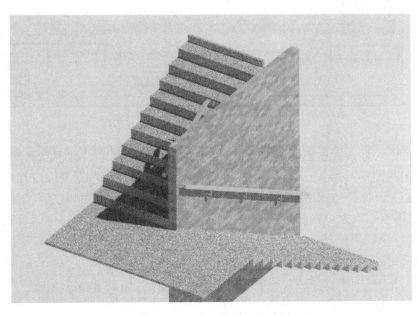

图 3.4-28　建筑楼梯三维效果

3.5 建筑坡道及零星构件的创建

1. 创建建筑坡道详图

打开文件"图书馆-A-04",另存为"图书馆-A-05"。

和楼梯一样,创建坡道之前需要提前创建详图,在 BF1 楼层平面视图中,点击"视图"/"详图索引"/"矩形",在1♯汽车坡道位置(视图的左上角)创建矩形详图,并重命名为"BF1-1♯汽车坡道"。

项目浏览器中双击"BF1-1♯汽车坡道"切换到新建详图视图,点击"插入"/"链接CAD",插入"JS-图书馆_1♯汽车坡道平面图",具体如图 3.5-1 所示,选择"仅当前视图",导入单位为"毫米",定位方式为"手动-中心"。

创建建筑
坡道详图

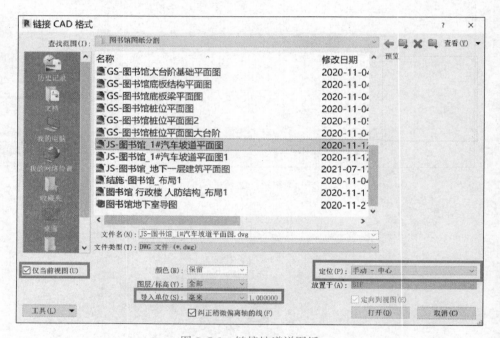

图 3.5-1　链接坡道详图纸

和楼梯详图一样,通过点击鼠标,把图纸放在详图中间,再手动调整准确定位。在上一个子任务中我们学习到了三种调整定位的方法,具体到坡道,发现坡道在图形的一角,远离项目中心,且原整体图纸对这一部分并没有绘制完整,因此可以选择去掉勾选"裁剪视图",把视图范围放大,再选择"修改"/"对齐"命令,通过 CAD 的轴网对齐项目文件的轴网调整 CAD 图位置。本项目中对齐的参照可以分别选中项目文件的轴线 2-1 和 2-B,对齐实体选择 CAD 图纸的轴线 2-1 和 2-B,两步对齐后,按"Esc"命令退出修改命令,再次选中 CAD 图纸,点击"修改"/"锁定"。

退出 CAD 文件的操作,点击视图剪裁区域,拖拽控制点,使得剪裁区域在最合理的范围,如图 3.5-2 右图所示,拖拽控制点往上,使得剪裁区域能包含绘图需要的范围。编辑完成剪裁区域后,再次回到属性面板,把"裁剪视图"勾选上,回到详图状态。

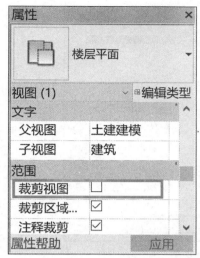
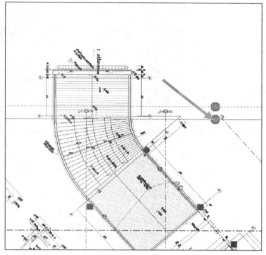

图 3.5-2 编辑视图裁剪区域

2. 创建建筑坡道

本项目创建建筑坡道和创建建筑楼梯一样，有两种方法，第一是在结构坡道基础上创建，在本项目中这是一种非常快捷的方法，还有一种方法是在 CAD 重新创建坡道构件。

通过图纸可知结构坡道和建筑坡道之间存在着平行的关系，因此选中结构坡道进行复制粘贴即可。

如图 3.5-3 所示，在结构三维图中选中结构坡道的三块楼板，复制到剪贴板，点击"粘贴"/"与选定的标高对齐"，选择标高 B1F，并按"确定"按钮复制出新的三块楼板，如图 3.5-4 所示。

图 3.5-3 选中结构坡道板

选中复制出的三块结构，并把其类型改为"建筑楼地面 11-金刚砂-100"（图 3.5-5），则非常快速地完成了建筑坡道的创建（图 3.5-6）。

从前文已经了解了，如果利用结构构件创建建筑构件需要有一定的前提条件，而直接创建新的建筑构件则在任何情况下都可以进行，因此我们也需要了解创建建筑坡道的第二种方法。此方法可参考结构坡道的创建，仅楼板类型选为"建筑楼地面 11-金刚砂-100"，其他均与结构坡道创建方法一样。

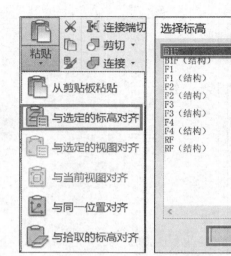

创建建筑坡道

图 3.5-4　复制粘贴结构坡道板到建筑标高

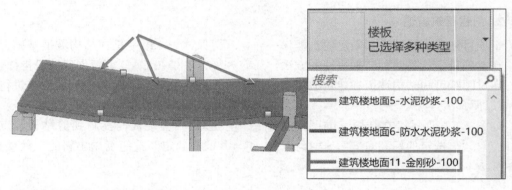

图 3.5-5　修改楼板类型

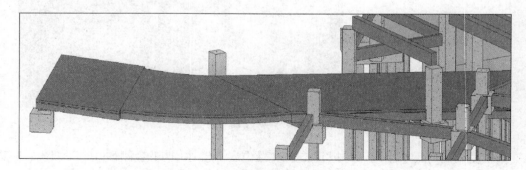

图 3.5-6　创建完成的建筑坡道

3. 创建集水井盖

地下室的基础需要创建集水井（详见结构建模），而集水井上方需要放置井盖，这是建筑专业建模的工作。

一般而言，样板文件不自带集水井盖的族，所以首先下载集水井盖族并插入项目文件中，如图3.5-7所示。

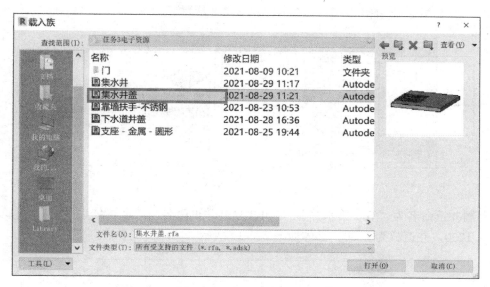

图 3.5-7　插入集水井盖族

　　直接打开"集水井盖.rfa"或者在项目中选中集水井盖族后点击"模式"面板的"编辑族"进入该族的族文件中，点击"创建"/"族类型"查询属性，如图3.5-8所示，可见单个集水井盖尺寸分别是1000×2000，在结构建模中可知集水井的截面尺寸有3种，1300×1300和1500×2000需要两个井盖，1000×1000只要单个井盖即可。

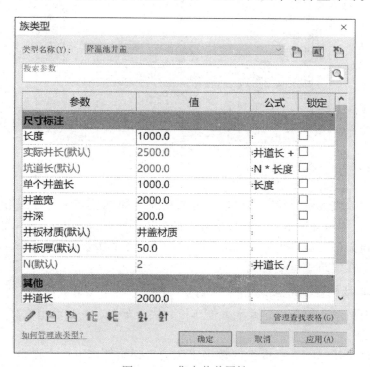

创建集水井盖

图 3.5-8　集水井盖属性

回到"图书馆-A-05"项目文件，点击"建筑"/"构件"/"放置构件"，在属性面板中选中"集水井盖"，并点击编辑类型，如图 3.5-9 所示。

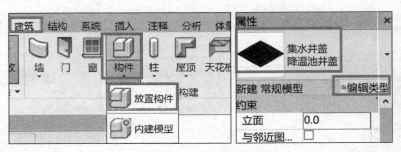

图 3.5-9　放置集水井盖

复制并重命名为"双块集水井盖"，再次复制并重命名为"单块集水井盖"，并修改井盖宽为 1200，井道长为 1000，具体如图 3.5-10 所示。

图 3.5-10　设置"单块集水井盖"

分别放置"双块集水井盖"和"单块集水井盖"，放置完毕后，如果和原位置不一致，可点击"修改"/"对齐"逐个调整集水井盖的位置。

与集水井盖类似的是排水沟盖，许多排水沟族自带盖板，在结构建模中就可以选择带盖板的族，无需在建筑中重复建模。

4. 创建停车场构件

地下车库有机动车停车位、残疾人停车位、快充车位，汽车坡道有减速条，这些都属于停车场构件。

所有族文件可通过本教材提供的数字资源或者到构件坞下载。点击"插入"/"载入族"，把停车场所需族载入项目文件中。

打开"B1F"楼层平面，在视图可见性编辑器中打开导入类别 CAD 文件"JS-图书馆_地下一层建筑平面图"所有与停车位相关的图层（0、A-P-PARKING、停车位），点击"体量与场地"/"停车构件"，分别放置机动车停车位，全部放置后，和集水井盖一样，点击"对齐"（"AL"）修改命令调整好停车位的位置，最后依次选中停车位构件，在属性面板中点击"标记数据"下的车位编号，如图 3.5-11 所示，给车位以编号。

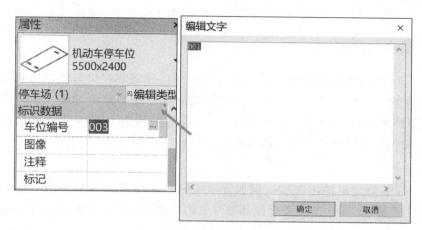

创建停车场构件

图 3.5-11　编辑车位编号

用同样的方法创建残疾人停车位。充电停车位共有两种尺寸，分别是 2500×6000 和 2400×6000，因此放置之前需要创建两种类型。

双击"B1F-1♯汽车坡道详图"，进入该视图。点击"体量与场地"/"停车构件"/"车库橡胶减速条"，并将尺寸改为 6600mm，如图 3.5-12 所示选择"放置在面上"的放置方式，依据图示放置在两处起坡点的坡道板上。增加体量和场地的构件之后，会让我们的模型显得更加具体、生动。

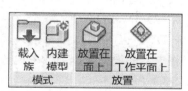

图 3.5-12　减速条放置方式

至此建筑建模全部完成，将文件另存为"图书馆-建筑"。

任务4　成果输出

任务书

1. 检查图书馆地下室模型，如有问题，需进行修改。
2. 独立完成作业 4.1～作业 4.4。
3. 按时完成相关建筑和结构不同格式图纸的输出。
4. 按时完成相关明细表的创建。
5. 按时提交"任务 4　评价表"。
6. 根据教师反馈表及时修改输出图纸和明细表。

任务 4 作业

1. 完成图书馆地下室模型的检查，发现问题及时进行修改，保证最后成果输出的正确性。

2. 阅读图纸导出的相关内容，完成作业 4.1。

3. 根据要求完成本项目施工图和明细表的创建，并完成作业 4.2～作业 4.4。

4.1 成果输出的类型与格式

在完成了 Revit 土建与结构模型创建后，在实际工程中往往需要将最后的建模成果进行输出，方便后续的查看、校验和存档。在 Revit 中支持多种成果输出方法，如文件导出、渲染等，以及多种成果输出格式，如 CAD 格式、图片格式等。本次任务重点讲解 Revit 建筑施工图、结构施工图以及明细表成果输出的内容。

1. 成果类型

在 Revit 中，支持多种成果输出类型，例如：平面施工图图纸、建筑模型渲染效果图、剖面图、工程明细表等。本小节主要介绍几种常见的文件输出格式的概念及相关应用领域。

（1）CAD 格式

Revit 支持将模型文件导出为 CAD 格式，以便与 CAD 软件进行良好的交互设计。Revit 一共支持导出 4 种 CAD 格式：DWG、DXF、DGN 和 SAT。

（2）DWF/DWFx 格式

DWF 也叫 Web 图形格式，是由 Autodesk 开发的一种开放、安全的文件格式，它可以将丰富的设计数据高效率地分发给需要查看、评审或打印这些数据的任何人。

（3）FBX 格式

该格式为目前相对主流的 3D 文件格式。其最大的用途是用在诸如 Max、Maya 等软件间进行模型、材质、动作和摄影机信息的互导，这样就可以发挥 Max 和 Maya 等软件的优势。在 Revit 中，仅能在三维视图中导出该文件格式。

（4）IFC 格式

IFC 格式是工业基类标准 Industry Foundation Classes 的缩写，是在 1997 年由国际协同工作联盟 IAI 制定的一项关于国际建筑业的工程数据交换标准，目前已经被认可为 ISO 国际标准。

（5）图像和动画格式

图像格式主要有 JPEG、BMP 等，动画格式主要支持 AVI 等。

（6）明细表

明细表以表格形式显示信息，这些信息是从项目的图元属性中提取的。明细表可以列出要编制明细表的图元类型的每个实例，或根据明细表的成组标准将多个实例压缩到一行中。

（7）渲染图

渲染图是一个摄影专业用语，是指通过调整光线、色彩、角度等参数，重新渲染建筑图片或者照片，以达到用户期望效果的一种修图手法。

在实际工程中，除了以上几种常见的输出格式外，还会用到三维效果图、建筑轴测图以及漫游等。本节主要介绍常用的 CAD 格式和图像格式的成果输出。

2. 导出 CAD 格式

导出 CAD 格式的文件，这里以图书馆地下室"B1F"楼层平面为例。

（1）双击"B1F"楼层平面，进入该平面视图中。如图 4.1-1 所示。

（2）点击"文件"/"导出"/"CAD 格式"/"DWG"。如图 4.1-2 所示。

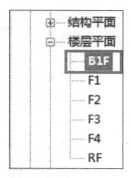

图 4.1-1　进入"B1F"楼层平面

导出 CAD 格式

图 4.1-2　进入 DWG 导出界面

（3）在跳出的界面中，无需修改，直接点击"下一步"。如图 4.1-3 所示。

（4）在最后的页面中，选择要保存的文件夹，这里保存路径为桌面下的"图纸导出"文件夹。然后选择文件命名方式为手动，命名为"图书馆 B1F 建筑平面图"，文件类型选择 2013 版本的 AutoCAD（也可以根据实际需要选择其他版本）。最后点击"确定"即可在指定文件夹下生成对应的 DWG 文件。如图 4.1-4 所示。

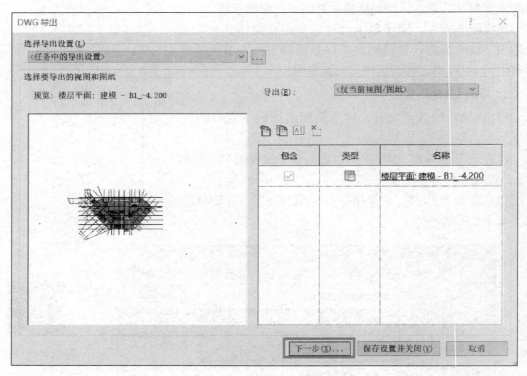

图 4.1-3　DWG 导出过程

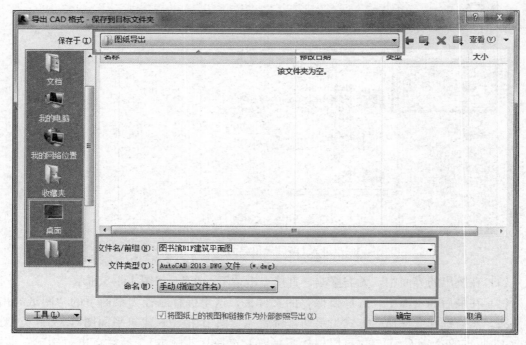

图 4.1-4　DWG 导出选项

这里再对命名选项做一个补充说明。给导出文件命名的方式还有 2 种：自动-长（指定前缀）和自动-短。

自动-长（指定前缀）的系统默认前缀为"项目名称-楼层平面-对应的视图名称"。本案例中，Revit 项目名称为"图书馆地下室_土建模型"，对应的视图名称为"B1F"，故默认前缀为"图书馆地下室_土建模型-楼层平面-B1F"。如图 4.1-5 所示。用户也可以自行定义前缀。

图 4.1-5　自动-长（指定前缀）

自动-短的系统固定命名为"楼层平面-对应的视图名称"，故最终命名为"楼层平面-B1F"。如图 4.1-6 所示。此命名选项下，用户无法自定义前缀。

其余的 AutoCAD 格式（DXF、DGN、SAT）文件的创建方式与 DWG 文件一致。这里不再赘述。

3. 导出图像格式

在 Revit 中导出图像格式常用的方法有两种，分别是文件导出和图像渲染。本小节将对这两种方法做详细的介绍。

（1）文件导出

对于图像的文件导出方式，这里以 JPG 格式为例，流程展示依旧以图书馆地下室"B1F"楼层平面为例。

1）首先，双击"B1F"楼层平面，进入该平面视图中（图 4.1-1）。

2）点击"文件"/"导出"/"图像和动画"/"图像"，如图 4.1-7 所示。

3）在弹出的界面中先点击"修改"，如图 4.1-8 所示。

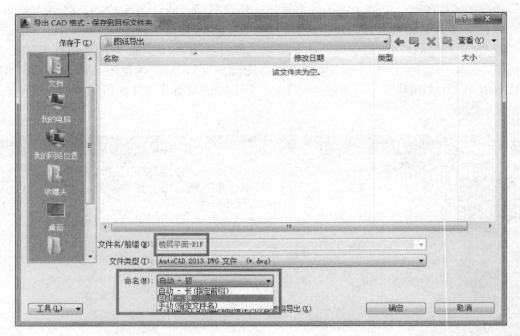

图 4.1-6　自动-短

导出 JPG 图像格式

图 4.1-7　进入 JPG 导出界面

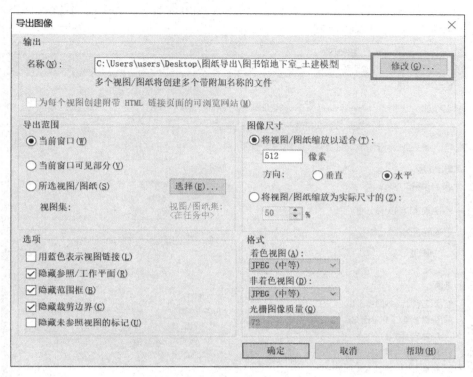

图 4.1-8　JPG 导出设置界面

4）在修改界面中，依旧选择将图片保存在桌面下的"图纸导出"文件夹，命名为"图书馆 B1F 建筑平面图"，然后点击"保存"。如图 4.1-9 所示。

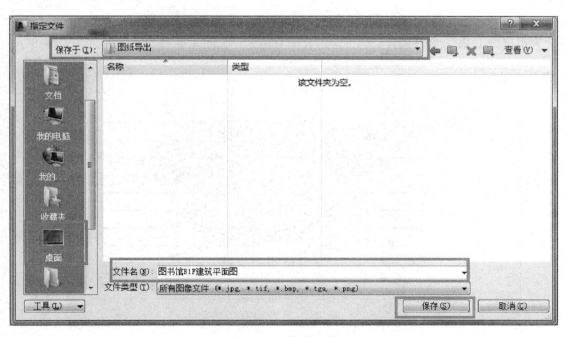

图 4.1-9　修改界面

5）保存名称完成后，先按照系统默认的图片导出设置进行导出，不做任何修改，直接点击"确定"，如图 4.1-10 所示。

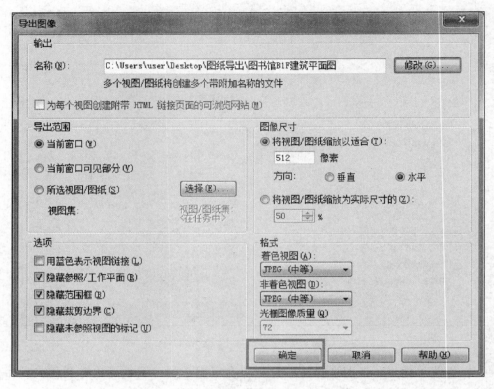

图 4.1-10　默认设置导出

6）在指定的图纸导出文件夹，可以看到已保存的"图书馆 B1F 建筑平面图.jpg"，图片大小仅为 15kB。打开图片后，发现图片十分模糊。如图 4.1-11 所示。

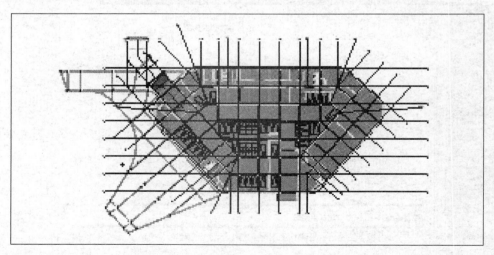

图 4.1-11　默认设置导出的 JPG 文件

7）为了让图片清晰，需要对第 5 步的导出图像进行设置。重新保存图片文件为"图书馆 B1F 建筑平面图 _ 高清"，将图像尺寸选为"将视图/图纸缩放为实际尺寸的 50％"，格式调整为"JPEG（无失真）"，光栅图像质量为"600"，然后点击"确定"。如图 4.1-12 所示。

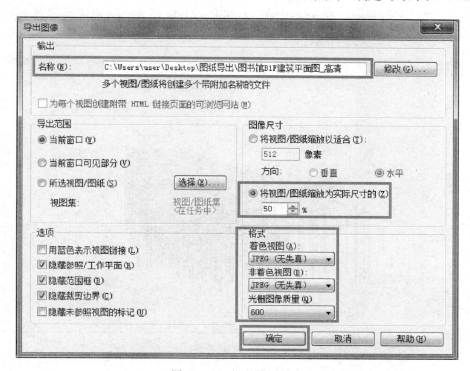

图 4.1-12　调整设置导出

8）在图纸导出文件夹下可以找到新保存的"图书馆 B1F 建筑平面图 _ 高清 . jpg"，此时图片文件大小为 4781kB。打开后，可以看到图片清晰度的显著提升。如图 4.1-13 所示。

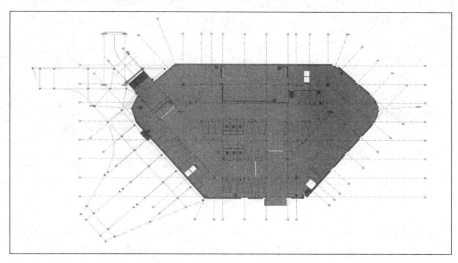

图 4.1-13　高清建筑施工图

（2）图像渲染

对于图像的渲染导出方式，这里依旧以 JPG 格式为例，流程展示以图书馆地下室模型三维视图为例。

1）点击默认三维视图，进入该视图中，如图 4.1-14 所示。这里需要注意 Revit 渲染功能必须在三维视图下才能使用。

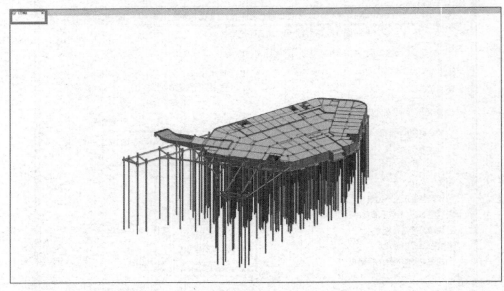

图 4.1-14　模型三维视图

2）点击"视图"/"渲染"（快捷键"RR"），进入渲染页面。如图 4.1-15 所示。

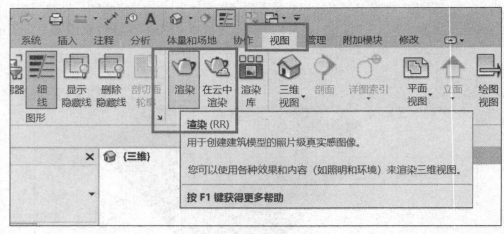

图 4.1-15　进入渲染界面

3）在渲染界面中，用户可以对渲染质量、输出设置、照明、背景和图像参数进行自定义修改。如图 4.1-16 所示。下面对这五类设置做简要的介绍。

质量：分为绘图、中、高等五个层次，渲染质量越高，图像就越清晰，但对计算机性

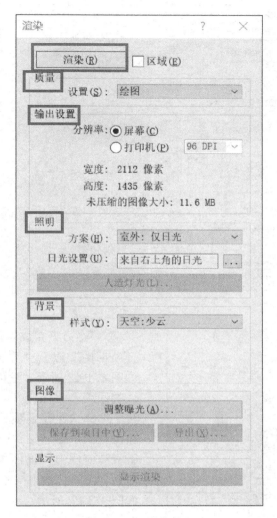

图 4.1-16 渲染界面

能要求也就越高。

输出设置：主要针对图像分辨率进行设置，有屏幕和打印机两个选项。

照明：可对渲染图像的照明方案、日光以及人造灯光设置进行调整。照明方案有室外：仅日光、室外：日光和人造光、室外：仅人造光等六个选项。如选择仅日光，则无法对人造灯光进行调整。如选择仅人造光，则反之。

背景：可调节渲染图片的背景样式，共有天空：少云、天空：多云、颜色等八个类型。

图像：可对渲染图像的曝光程度进行调节，如图 4.1-17 所示，有曝光值、高亮显示、阴影等五个选项。如调整后需要恢复至初始状态，可点击"重设"。设置完成后点击"确定"。

4）在全部参数都调节完成后，点击渲染界面最上方的"渲染"即可对建筑模型进行相应的图像渲染。

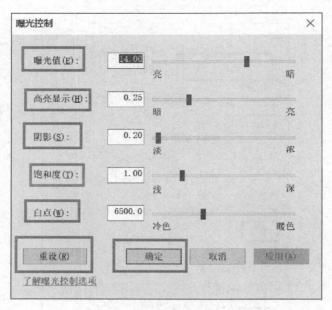

图 4.1-17 曝光控制界面

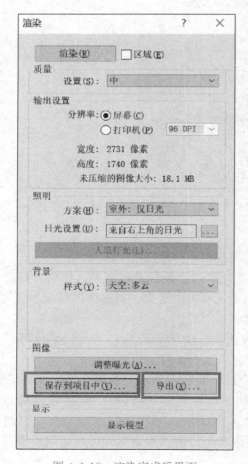

图 4.1-18 渲染完成后界面

5) 在渲染完成后, 图像选项下的 "保存到项目中" 以及 "导出" 功能将可被使用, 如图 4.1-18 所示。下面将介绍这两种导出方式的使用。

选择 "保存到项目中", Revit 将会在项目浏览器下创建渲染分支, 用户可在此分支下查看完成渲染的图像。这里将图像名称命名为 "图书馆地下室模型渲染"。如图 4.1-19 和图 4.1-20 所示。

选择 "导出", 则会进入保存图像界面, 将文件名命名为 "图书馆地下室模型渲染", 文件类型选择为 "JPEG 文件", 然后点击 "保存"。如图 4.1-21 所示。

在完成了以上所有的步骤以后, 用户可以在图纸导出文件夹中看到两种不同格式的 Revit 导出文件: DWG 和 JPG。

最后, 不论是文件导出方式还是渲染, 高清晰度的图片导出会占用大量的计算机算力和硬盘存储空间, 在实际的项目中, 可以根据项目输出的需求来决定图片的清晰度。

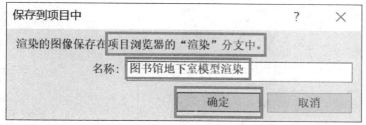

图 4.1-19 保存到项目中选项

图 4.1-20 项目浏览器渲染分支

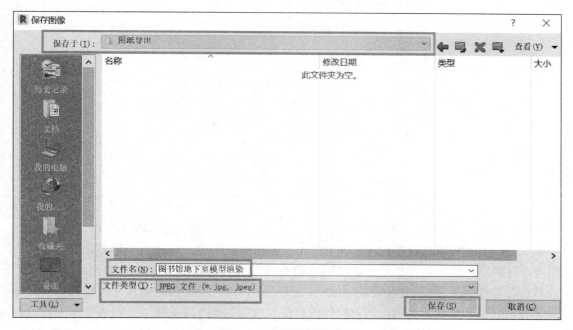

图 4.1-21 保存图像界面

4.2 建筑施工图

在实际工程项目中,建筑施工图的输出类型一般包括平面图、立面图、剖面图、详图等。在 Revit 中,平面图、立面图以及剖面图主要是在已有的建筑模型基础上通过控制图元显示状态并添加注释的过程。详图主要是对部分重要构造做法的补充,绘制详图视图可以传达项目的细节部分构造信息及施工做法。本节主要介绍平面图、立面图、剖面图以及详图的具体操作步骤。

1. 平面图

(1)在项目浏览器中右键点击楼层平面下的 B1F,点击"复制视图"/"带细节复制",将 B1F 视图复制一份,如图 4.2-1 所示。然后将该视图重命名为"B1F 楼层建筑平面"。

(2)双击 B1F 楼层建筑平面进入该平面视图中,将视图详细程度调整为详细,视觉样式调整为隐藏线。

图 4.2-1　复制视图

（3）点击"注释"/"对齐"（快捷键为"DI"），进行视图尺寸标注工作，如图 4.2-2 所示。尺寸标注的操作这里以 1-3 号轴网与 1-4 号轴网为例。首先，分别点击 1-3 号轴网与 1-4 号轴网，然后点击 1-4 号轴网附近的空白位置，即可完成标注，如图 4.2-3 所示。一般而言，建筑平面图完整的尺寸标注有三道，从内向外分别为细部尺寸、轴网尺寸以及总体尺寸。细部尺寸主要为门窗等构件的定位尺寸，如图 4.2-4 所示；轴网尺寸为建筑轴网间的尺寸，如图 4.2-3 所示；总体尺寸则为建筑总长度和总宽度的尺寸，如图 4.2-5 所示。

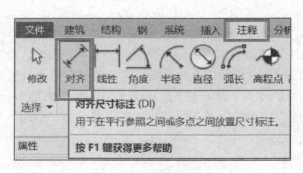

图 4.2-2　尺寸标注功能

（4）点击"注释"/"高程点"（快捷键为"EL"），进行高程标注工作，如图 4.2-6 所示。一般而言，楼层平面图中高程主要标注楼板的顶高度。将鼠标移动到平面图中楼层的位置，单击即可完成标注，如图 4.2-7 所示。

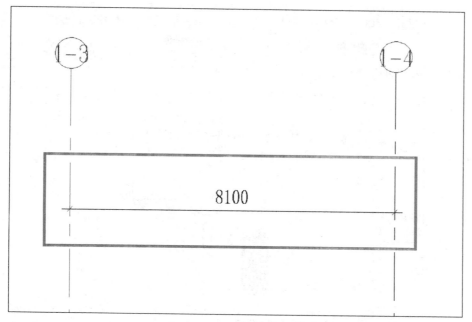

图 4.2-3　尺寸标注实例

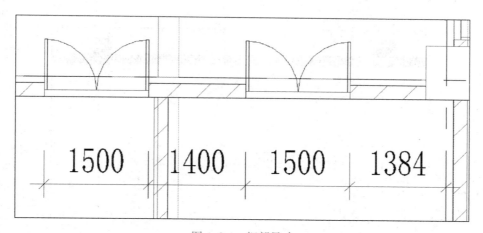

图 4.2-4　细部尺寸

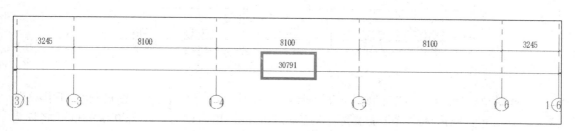

图 4.2-5　总体尺寸

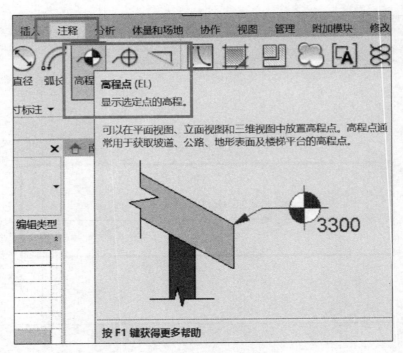

图 4.2-6　高程标注功能

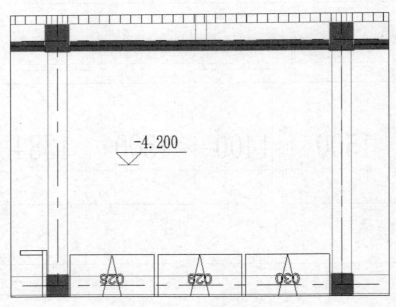

图 4.2-7　高程标注实例

（5）点击"建筑"/"房间"（快捷键为"RM"），进行房间名称的标注工作，如图 4.2-8 所示。将鼠标放置于需要标注的房间空间内，单击即可。系统默认的房间名称为房间，用户可以修改名称，这里修改为停车库，如图 4.2-9 所示。

（6）点击"注释"/"按类别标记"（快捷键为"TG"），可以对门窗等构件进行标

图 4.2-8　房间标注功能

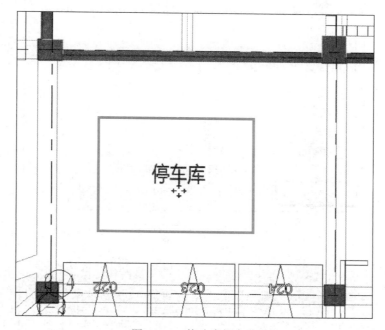

图 4.2-9　修改房间名称

记。但此方法需要逐一进行标记，效率较低。如果需要一次标记所有门窗构件，可以点击"注释"/"全部标记"，如图 4.2-10 所示。在弹出的对话框中（这里以门标记为例），选中"门标记"，如图 4.2-11 所示，点击"确定"即可完成对所有门类型的标记。

图 4.2-10　全部标注功能

（7）在完成了上述所有建筑构件的标注后，点击"视图"/"图纸"，进入图纸创建界面，如图 4.2-12 所示。在新建图纸对话框中，选择"A0 公制"（这里以 A0 图纸为例），点击"确定"，如图 4.2-13 所示。

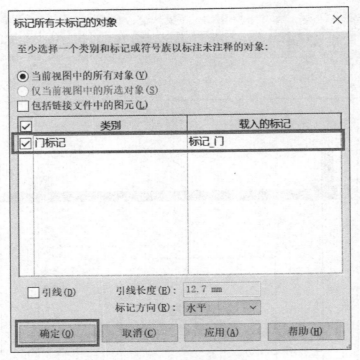

图 4.2-11　选择门标记

图 4.2-12　创建图纸

（8）在新创建的 A0 图纸中，修改图纸属性下的图纸名称为"B1F 楼层平面图"来重命名图纸，如图 4.2-14 所示。

（9）用鼠标左键按住 B1F 楼层平面，将其拖入该图纸中进行放置，即可生成 B1F 楼层的二维建筑平面图，如图 4.2-15 所示。

（10）在生成的平面图纸中存在诸多问题，接下来逐一进行解决。首先图纸视图范围过大且平面图往往不需要显示立面符号。此时可以进入 B1F 楼层平面视图，勾选范围下的"裁剪视图"和"裁剪区域可见"，如图 4.2-16 所示。

（11）现在平面视图中将会出现裁剪区域，如图 4.2-17 所示。用户可以拖动平面四周的小圆点来对视图范围进行裁剪。裁剪完成后，取消勾选"裁剪区域可见"。如不取消勾选，则在 A0 图纸中也会看见裁剪区域。

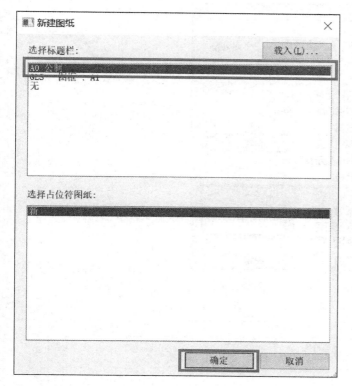

图 4.2-13 新建图纸

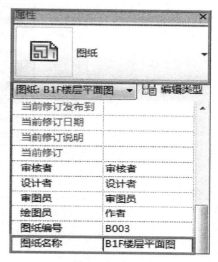

图 4.2-14 重命名图纸

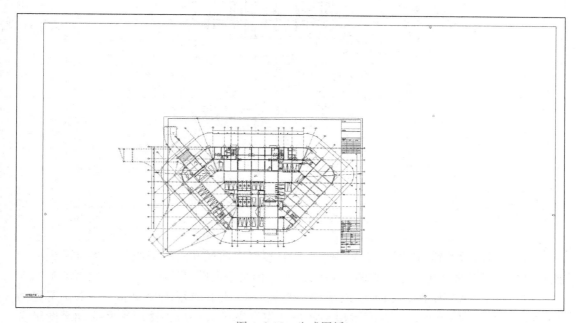

图 4.2-15 生成图纸

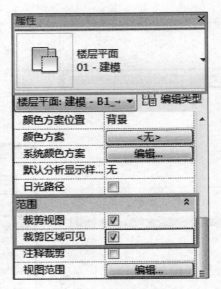

图 4.2-16　裁剪平面视图

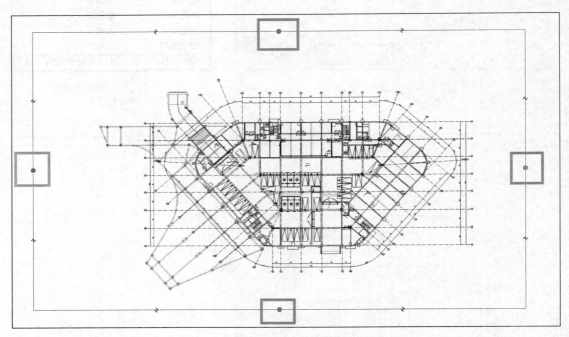

图 4.2-17　裁剪区域调节

（12）裁剪后回到 A0 图纸界面，此时 B1F 楼层平面尺寸已经缩小了许多且原先的立面符号也已经被裁剪出去了，如图 4.2-18 所示，但是平面图仍然超过了 A0 图纸的范围。

（13）选中 A0 图纸中 B1F 楼层平面，将属性选项下的视图比例从 1：100 调整为 1：200，如图 4.2-19 所示，此时楼层平面尺寸符合图纸大小。将楼层平面拖动至图纸合适的位置，如图 4.2-20 所示。

（14）最后，楼层平面的标题位置不正确，需要进行调整。将鼠标移至标题上，按住

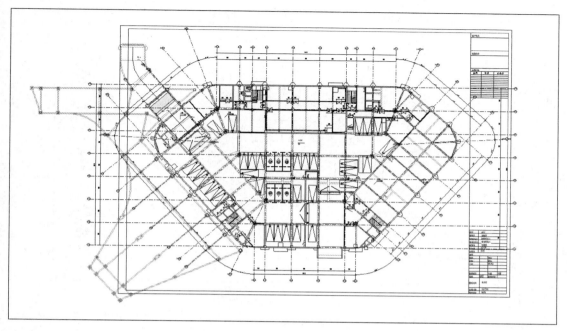

图 4.2-18　裁剪过后的视图

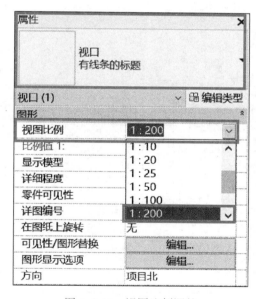

图 4.2-19　视图比例调整

鼠标左键即可移动，将标题移动至图纸下方位置，如图 4.2-21 所示。后续，用户可以将此平面图纸导出为 DWG 等格式，具体导出方法详见 4.1 节。

2. 立面图

建筑立面图的输出大部分操作流程与平面图一致，因此同样的软件操作步骤将不再重复详细地介绍。

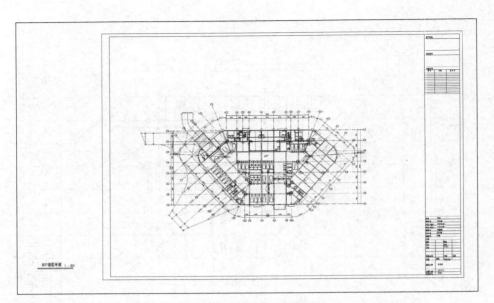

图 4.2-20　调整比例后的视图

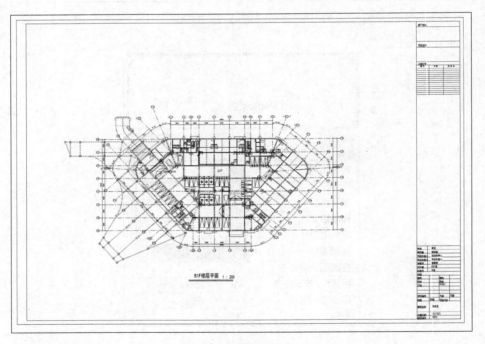

图 4.2-21　调整标题后的图纸

（1）将项目的南立面视图复制一份（本案例以南立面为例），重命名为"图书馆地下室南立面图"。

（2）将视图详细程度调整为"详细"，视觉样式调整为"隐藏线"。

（3）使用对齐尺寸标注命令，标注相关的立面尺寸。

（4）使用高程点注释功能，标注门窗等构件的底高度以及其他相关高程（本项目为图书馆地下室，故没有窗构件）。

（5）点击"注释"/"材质标记"，如图 4.2-22 所示。点击模型外墙等构件，来注释其材质的做法。

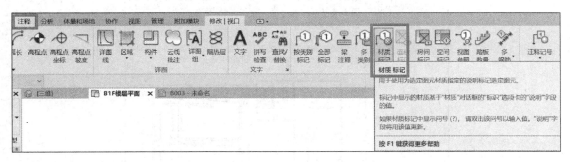

图 4.2-22　材质标记功能

（6）完成以上调节步骤后，新建一张 A0 图纸，将图纸重命名为"图书馆地下室南立面图"。将南立面图拖入图纸中，如图 4.2-23 所示。在实际工程中，往往需要将多张立面图放入一张图纸中，如果单张或多张立面图过大无法放入，同样可以调节立面视图属性中的视图比例和通过裁剪范围来缩小立面图尺寸。

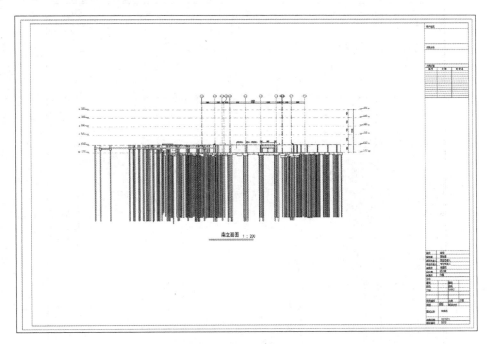

图 4.2-23　南立面

3. 剖面图

（1）点击"视图"/"剖面"，进入剖面图制作界面，如图 4.2-24 所示。

（2）单击两次确定剖面线的起点和终点，剖面线创建完成后，可以点击双向箭头符号来翻转视图方向，拖动实心小三角来调节剖面可见范围，如图 4.2-25 所示。

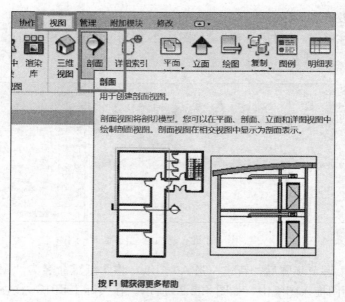

图 4.2-24 剖面功能

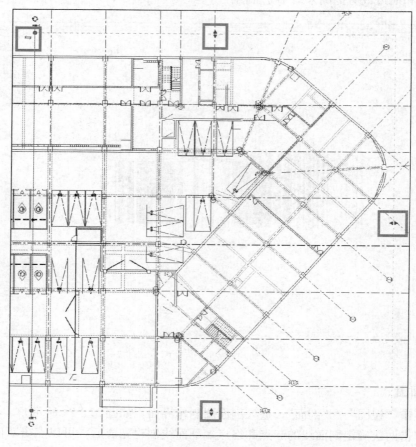

图 4.2-25 剖面可视范围调整

（3）调整完剖面图可视范围，用户可以双击项目浏览器中剖面下的剖面 1 进入剖面视图，来对所创建的剖面做进一步的细节处理，如图 4.2-26 所示。

（4）对剖面属性栏中标识数据下的视图名称进行修改，以此来重命名视图，这里修改为"图书馆地下室 _ 1-1 剖面视图"，如图 4.2-27 所示。

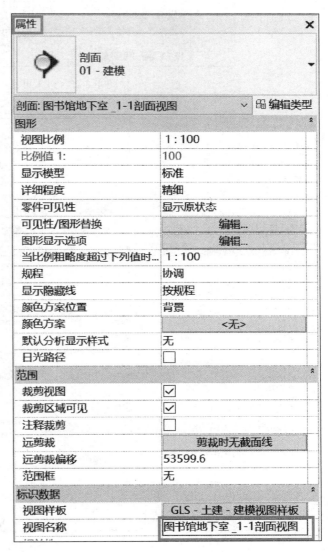

图 4.2-26　进入剖面　　　　　　　　　　　图 4.2-27　重命名剖面

（5）点击"视图"／"可见性/图形"（快捷键为"VG"或者"VV"），来进行模型显示线宽或者填充图案的调整，如图 4.2-28 所示。

（6）在可见性界面模型类别中，用户可以调节"投影/表面"下的线、填充图案以及透明度或者截面下的线和填充图案。找到并点击"墙"（这里以墙为例），单击"投影/表面"下的线"替换"，如图 4.2-29 所示，进入线型调整界面。

（7）在线图形界面，共有三个可调节类型，分别是填充图案、颜色和宽度。这里填充

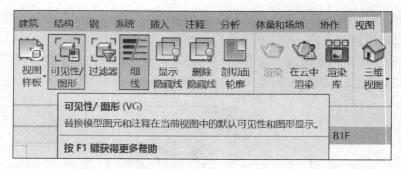

图 4.2-28 进入可见性调节

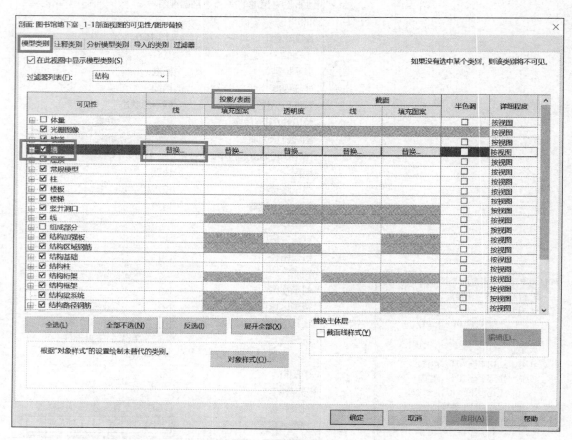

图 4.2-29 替换墙线型

图案和颜色无需修改，将宽度调整为 1，然后点击"确定"即可将墙体线宽修改为 1，如图 4.2-30 所示。

（8）实际项目中，剖面图往往需要对被剖切到的梁、楼板或者楼梯等构件进行截面填充。在可见性面板下找到"楼板"（这里以楼板为例）并单击，随后点击"截面"下"填充图案"的"替换"，如图 4.2-31 所示。

（9）在填充样式图形界面，将填充图案调整为实体填充，颜色调整为灰色，点击"确定"即可完成对楼板截面的填充，如图 4.2-32 所示。

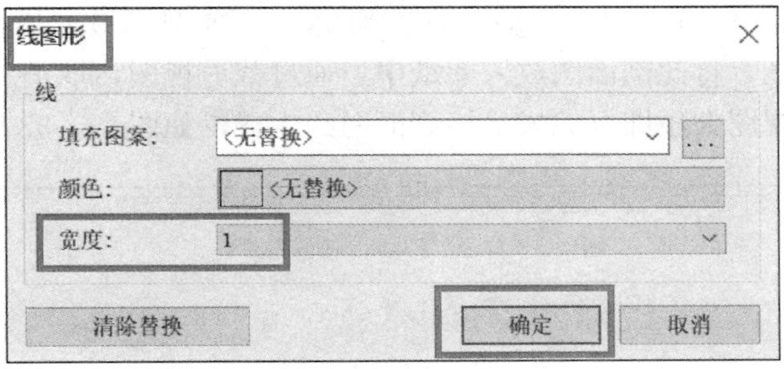

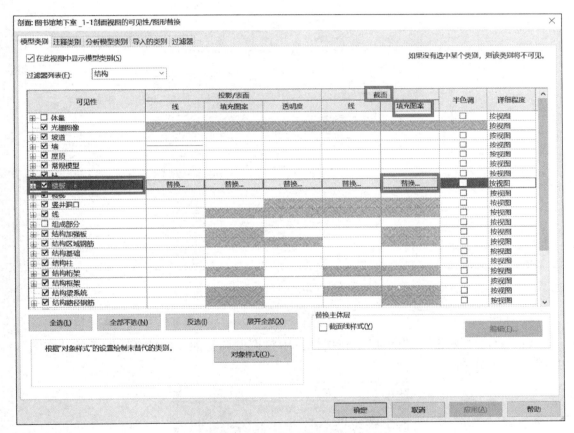

图 4.2-30　替换墙线型

图 4.2-31　替换楼板填充图案

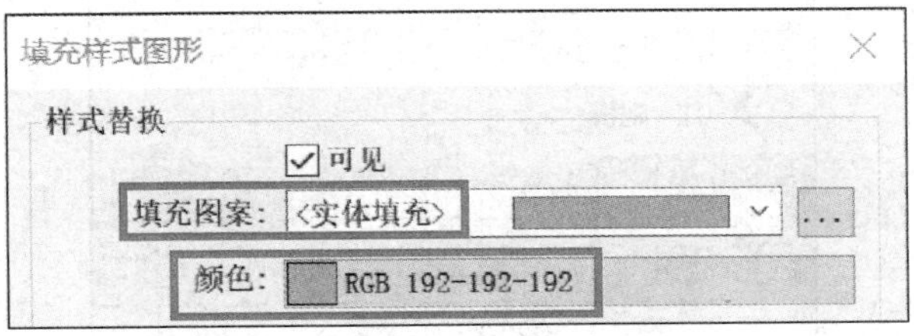

图 4.2-32　调整填充图案

（10）完成了以上调节步骤后，即可进行对标高、轴网等尺寸以及材质的标注工作，标注完成后新建图纸，将此剖面图放入图纸中，通过裁剪视图，取消"裁剪区域可见"并修改视图比例调整视图大小即可完成最终剖面图的生成，如图 4.2-33 所示。

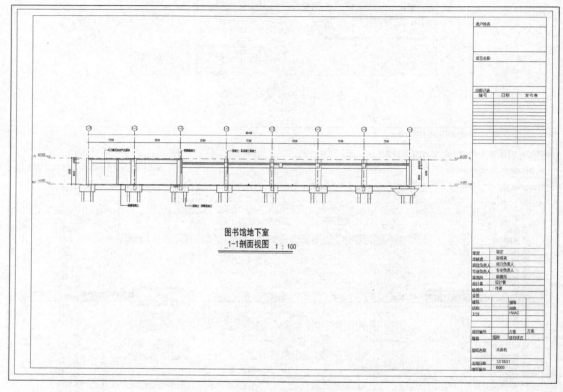

图 4.2-33　最终剖面图

4. 详图

（1）点击"视图"／"剖面"，在属性栏中将类型调整为"详细视图"下的"详图"，如图 4.2-34 所示。

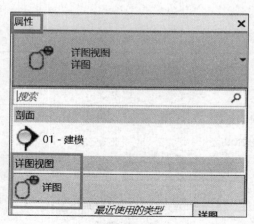

图 4.2-34　详图

（2）点击两次确定详图剖面的剖面线，然后调节剖面的视图范围，如图 4.2-35 所示（本小节以楼梯为例）。

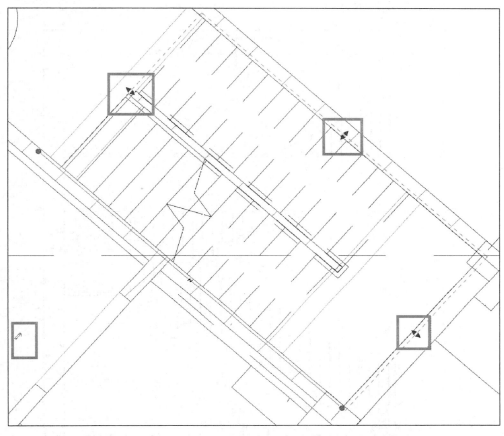

图 4.2-35　楼梯详图

（3）双击"项目浏览器"/"详图"/"详细视图"/"详图 0"，如图 4.2-36 所示，进入详图进行细节调整。

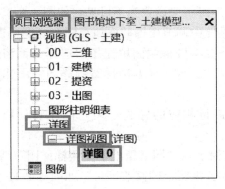

图 4.2-36　进入详图

（4）进入详图后，对详图进行重命名，这里命名为"楼梯详图"。然后选中剖面框，在详图中依旧可以进行视图范围的调节，将范围调整至合适的尺寸，保证可以完整清晰地看到楼梯，如图 4.2-37 所示。

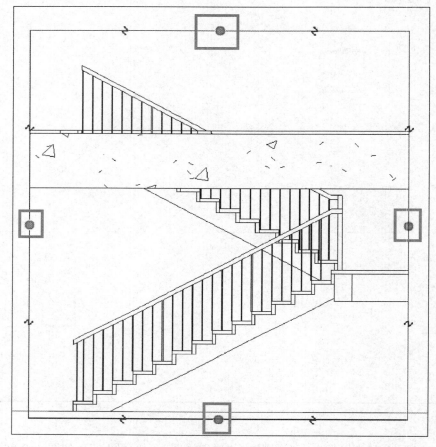

图 4.2-37　调整详图范围

（5）调整视图范围后，发现有结构梁阻挡了楼梯，可以打开视图可见性，将结构框架取消勾选，点击"确定"，即可将梁设置为不可见，如图 4.2-38 所示。

（6）接下来依旧在可见性中调节楼梯截面填充图案等模型视图属性（本项目中楼梯梯段材质为钢筋混凝土，故需要将楼梯截面填充图案选择为钢筋混凝土），也可选择系统提供的详图样板"剖面＿详图＿1/20"（本楼梯案例详图视图比例为 1：20），如图 4.2-39 所示。

（7）调整可见性后，进行相应的标高等尺寸标注和材质等文字注释，如图 4.2-40 所示。

（8）新建 A2 图纸，重命名为"图书馆地下室楼梯详图"，将调整完成后的楼梯详图放入图纸的适当位置并进行相关视图范围修改即可，如图 4.2-41 所示。

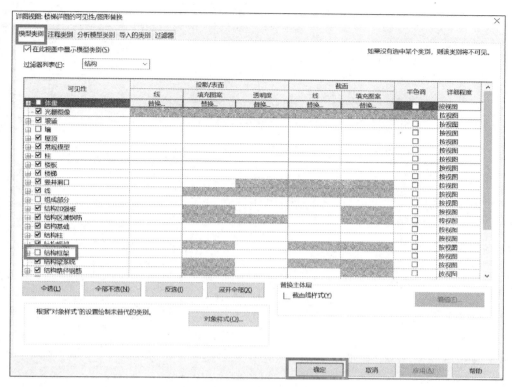

图 4.2-38　隐藏结构梁

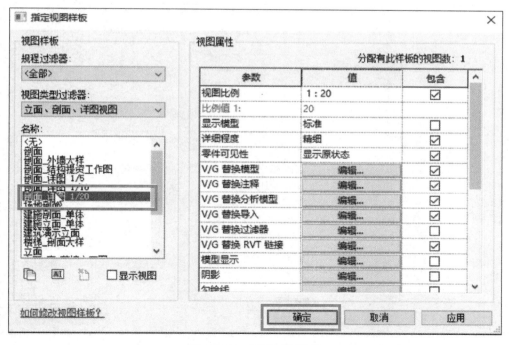

图 4.2-39　系统详图样板

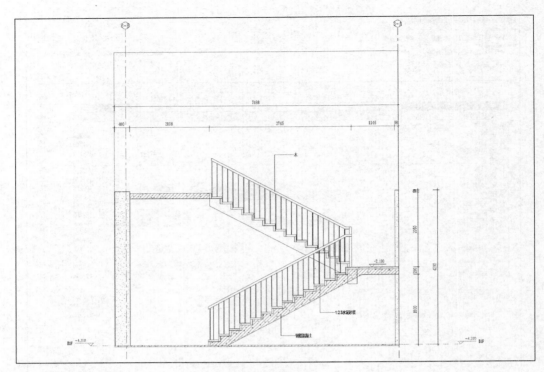

图 4.2-40 楼梯详图

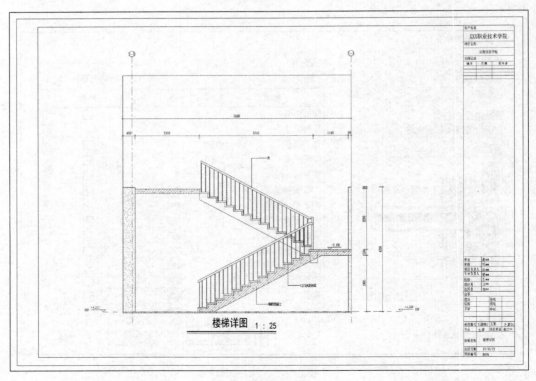

图 4.2-41 最终楼梯详图

4.3 结构施工图

结构施工图的成果输出与建筑施工图的区别主要有两点。

第一点，建筑施工图的成果输出需要将 Revit 视图切换到建筑相关的图纸，然后进行各种文件格式的输出。而结构施工图则需要将视图切换到结构相关的视图，再进行成果输出。各种不同格式文件的输出过程与建筑施工图一致，这里就不再赘述。

第二点，在实际的工程项目中，经常会需要输出结构详图。下面就介绍结构详图的制作方法，本书中将以"结构柱 600×800mm"为例。

1. 导出结构详图

（1）点击"视图"/"图例"/"图例"，进入详图制作界面，如图 4.3-1 所示。

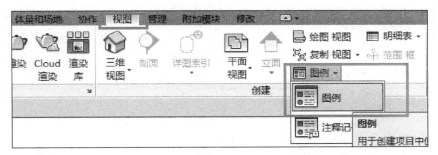

导出结构详图

图 4.3-1　进入详图制作界面

（2）在弹出的新图例视图对话框中，将名称修改为"结构柱 600×800mm 详图"，比例选择为 1∶20，如图 4.3-2 所示。

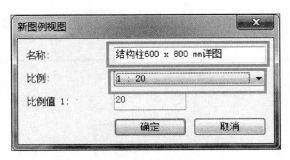

图 4.3-2　新图例视图选项界面

（3）在族中找到"结构矩形柱"/"600×800mm"，按住鼠标左键拖入结构柱图例的空白界面中，共放置 5 个，如图 4.3-3 和图 4.3-4 所示。

（4）将视图详细程度调整为"精细"，如图 4.3-5 所示。

（5）选择第一个结构柱，将视图方向选为"楼层平面"，详细程度为"从视图"，如图 4.3-6 所示。

（6）依次将其余结构柱视图方向选择为立面：前、后、左、右并排列整齐，如图 4.3-7 所示。

（7）点击"注释"/"详图 线"，进入到详图线绘制命令，如图 4.3-8 所示。

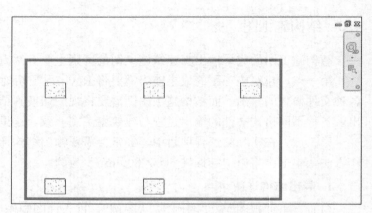

图 4.3-3　选择结构柱 600×800mm　　　　　　图 4.3-4　放置五个结构柱

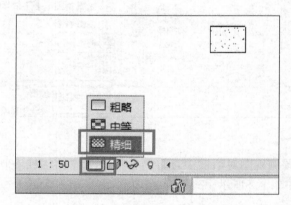

图 4.3-5　调整视图详细程度

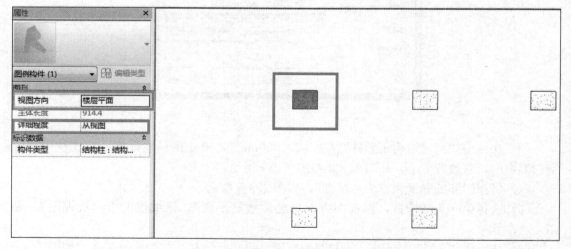

图 4.3-6　调整视图方向和详细程度

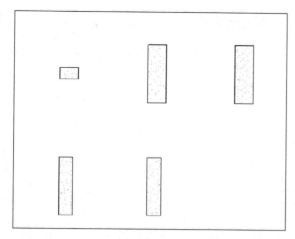

图 4.3-7　调整视图方向并排列

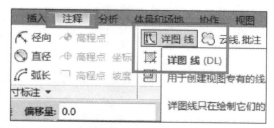

图 4.3-8　选择详图线

（8）将详图"线样式"选择为"线"，并绘制表格，如图 4.3-9 和图 4.3-10 所示。

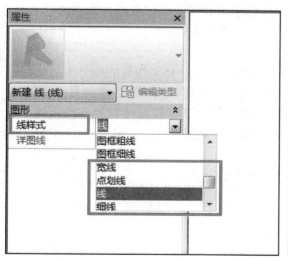

图 4.3-9　选择详图线样式

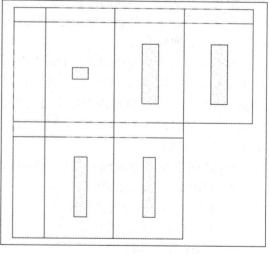

图 4.3-10　使用详图线绘制表格

（9）点击"注释"/"文字"，使用文字命令填写表格相关文字信息，完成结构图例的制作，如图 4.3-11 和图 4.3-12 所示。

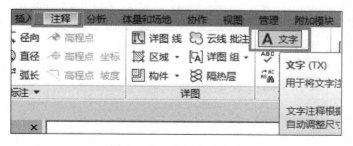

图 4.3-11　选择文字命令

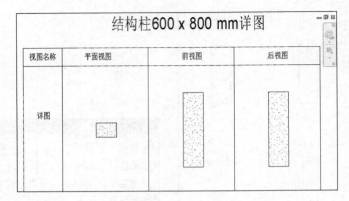

图 4.3-12　填写相关文字信息

（10）结构图例制作完成后，即可进行成果输出，如导出为图片格式等。导出各种格式的过程与建筑施工图里的介绍一致，这里不再赘述。

2. 结构平法标注

结构的平法标注涉及的内容较多，主要的操作步骤有安装字体文件、创建共享参数、创建注释族等。本小节将以结构柱的标注为例，按照顺序逐一介绍。

（1）安装字体文件

在结构柱或者结构梁的标注中，会遇到很多特殊的符号，比如钢筋的代号等。这些符号在 Microsoft Windows 字体库文件中是没有的。而 Revit 所使用的字体库就是 Microsoft Windows 的字体库，所以用户需要安装额外的字体文件。该字体文件为 Revit _ CHSRebar. ttf，字体名称为 Revit。将该字体文件下载完成后，复制到 C：\ Windows \ Fonts 目录下，即可自动安装。

使用该字体时，键盘输入符号和钢筋符号对照关系如下：

$ - HPB300，显示的符号为 A。

& - HRB400，显示的符号为 C。

- HRB500，显示的符号为 D。

（2）创建共享参数

1）点击"管理"／"共享参数"，进入编辑共享参数页面，如图 4.3-13 所示。

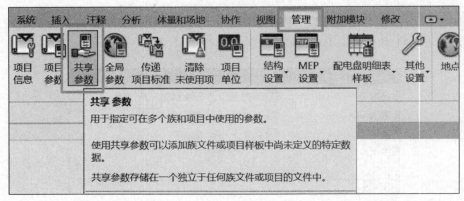

图 4.3-13　共享参数选项

2）在编辑共享参数页面，点击"创建"，将所要新建的共享参数文件保存在桌面的"共享参数"文件夹下，取名为"结构柱共享参数 .txt"，点击"保存"，如图 4.3-14 所示。

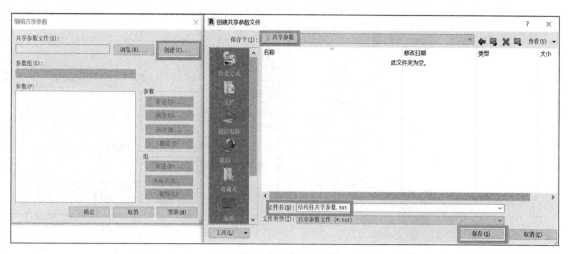

图 4.3-14　新建共享参数文件

3）点击组选项下的"新建"，如图 4.3-15 所示。将组命名为"结构柱参数组"，如图 4.3-16 所示。

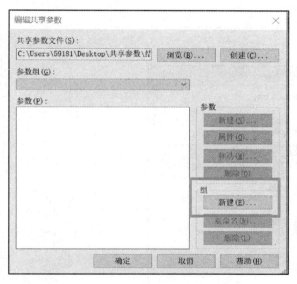

图 4.3-15　新建组

图 4.3-16　命名组

4）点击参数下的"新建"来添加结构柱参数组下的相关参数，如图 4.3-17 所示。

5）在参数属性中添加参数，如名称为"类型名称"，规程为"公共"，参数类型为"文字"，点击"确定"，如图 4.3-18 所示。本案例其他所需创建的参数如图 4.3-19 所示。

（3）创建结构柱注释族

1）点击"文件"／"新建"／"族"，如图 4.3-20 所示，进入新建族的界面。

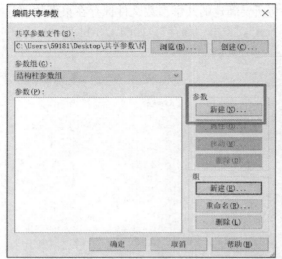

图 4.3-17 新建参数

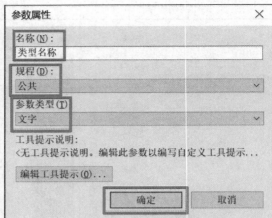

图 4.3-18 参数属性

名称	规程	参数类型
b	公共	长度
h	公共	长度
纵筋等级	公共	文字
纵筋直径	公共	长度
箍筋等级	公共	文字
箍筋直径	公共	长度
箍筋间距	公共	文字

图 4.3-19 所需参数

图 4.3-20 新建族

2）选择注释文件夹下的"公制常规注释"，点击"打开"，如图4.3-21所示。

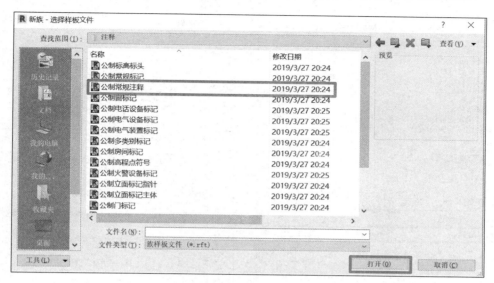

图4.3-21　公制常规注释

3）点击"修改"／"族类别和族参数"，如图4.3-22所示。

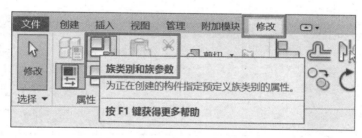

图4.3-22　修改族类别和族参数

4）将过滤器列表选为"结构"，选择"结构柱标记"，勾选"随构件旋转"，点击"确定"，如图4.3-23所示。

5）删除公制常规注释中自带的注意文字，如图4.3-24所示。

6）点击"创建"／"标签"，如图4.3-25所示。

7）在修改选项卡下，将对齐方式修改为居中和左对齐，如图4.3-26所示。

8）打开标签的编辑类型，将字体选项下的文字字体选择为"Revit"，点击"确定"，如图4.3-27所示。

9）单击十字参照平面的中心，进入编辑标签页面，点击添加参数按钮，如图4.3-28所示。

10）在参数属性界面，点击"选择"，如图4.3-29所示。

11）在共享参数中，选择参数组为"结构柱参数组"，选中参数"b"，单击"确定"，如图4.3-30所示。将参数b添加到标签的可用字段中，如图4.3-31所示。然后将其他结构柱共享参数全部加入即可。

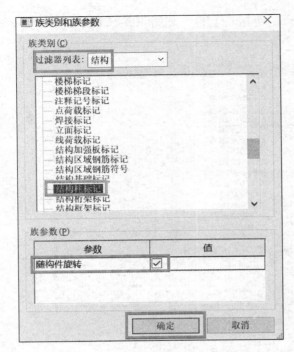

图 4.3-23　设置族类别和族参数

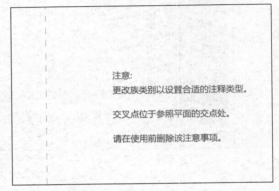

图 4.3-24　删除注意文字

图 4.3-25　放置标签

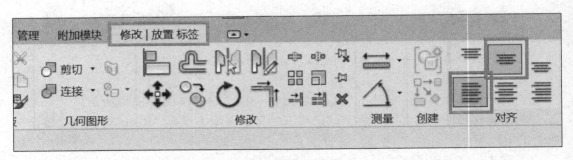

图 4.3-26　修改对齐方式

12）加入完成后，选择 b 参数，点击将参数添加到标签，即可将 b 从可用字段移动至标签参数中，如图 4.3-32 所示。其他参数同样操作。

13）参数添加完成后，进行相应的调节。主要调节为：调整参数排列顺序（参数先后顺序会影响参数的显示顺序，一定要调节），空格，前缀，后缀与断开（指该参数后是否需要换行）。调整完成后的标签参数如图 4.3-33 所示。

图 4.3-27 修改字体

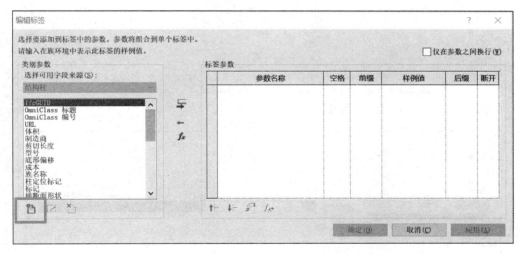

图 4.3-28 添加参数

14）调整完成后，点击"确定"即可在界面中看到注释族的文字样例，如图 4.3-34 所示。

15）创建注释族完成后，点击"载入到项目并关闭"，如图 4.3-35 所示，将注释族命名为"结构柱注释族"并保存到合适的位置即可。

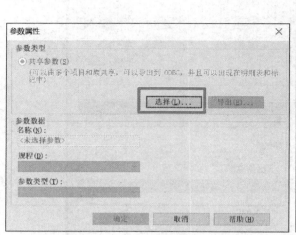

图 4.3-29 选择参数

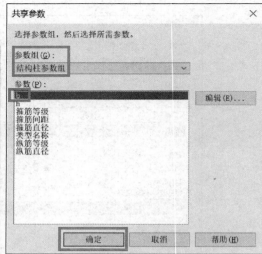

图 4.3-30 选择参数 b

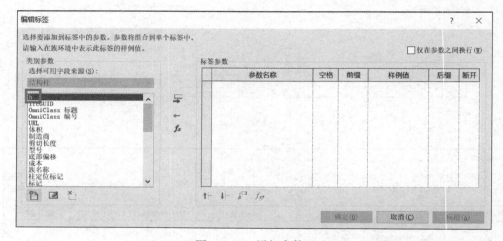

图 4.3-31 添加参数 b

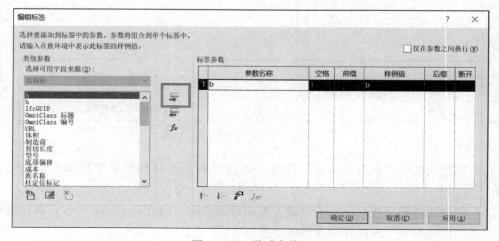

图 4.3-32 移动参数 b

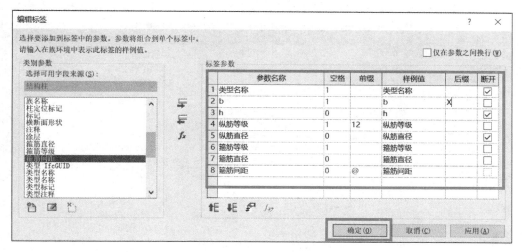

图 4.3-33　调节参数

图 4.3-34　注释族

图 4.3-35　载入并关闭

（4）结构柱平法标注

1）点击"管理"/"项目 参数"，进行本项目参数的添加，如图 4.3-36 所示。

2）在项目参数界面，点击"添加"，如图 4.3-37 所示。

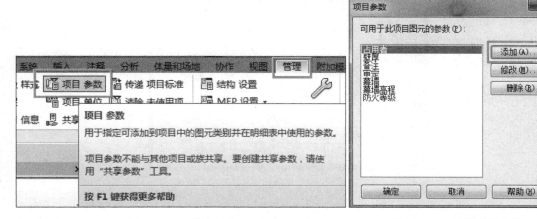

图 4.3-36　项目参数　　　　　　　　　　　图 4.3-37　添加项目参数

3）在参数属性中，将参数类型选择为"共享参数"，然后点击"选择"，如图 4.3-38 所示。

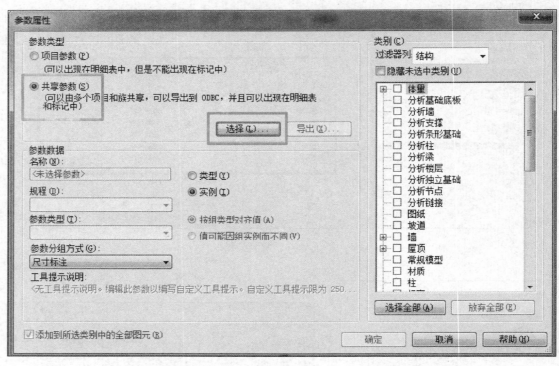

图 4.3-38　添加共享参数

4）在共享参数界面中，如图 4.3-39 所示操作。

图 4.3-39　添加共享参数 b

5）返回参数属性界面后，将参数分组方式选为"其他"，过滤器选为"结构"，勾选"结构柱"，点击"确定"即可将共享参数 b 添加到项目参数中，如图 4.3-40 所示。其余参数一样操作即可。

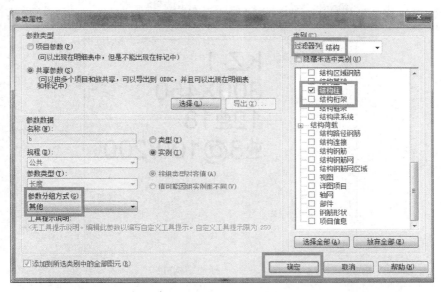

图 4.3-40　添加项目参数 b

6）添加完毕后，即可在结构柱属性面板的"其他"选项卡下，找到刚才添加的项目参数，如图 4.3-41 所示。

7）根据实际工程项目需要，输入"其他"中的相应参数，如图 4.3-42 所示。输入完成后在相应的结构视图中进行放置。

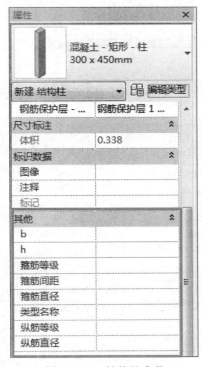

图 4.3-41　结构柱参数

其他		⬆
b	300.0	
h	450.0	
箍筋等级	&	
箍筋间距	100/200	
箍筋直径	8.0	
类型名称	KZ-1	
纵筋等级	&	
纵筋直径	18.0	

图 4.3-42　定义结构柱参数

8）点击"项目浏览器"/"族"/"注释符号"/"结构柱注释族"，将刚创建的注释族拖动到需要注释的结构柱上，即可完成标注，如图 4.3-43 所示。

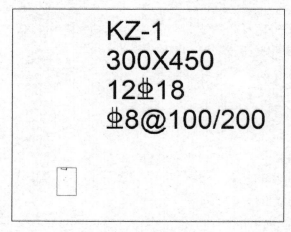

图 4.3-43　标注结构柱

4.4　明细表制作

在实际的项目开发中，往往需要知道建筑相关构件或者工程相关材料的用量等情况。所以，在 Revit 成果输出中应当包含相应的构件或者材质的明细表来满足项目的需求。本小节就将以图书馆地下室的土建模型为例讲解如何制作相应的明细表。

1. 构件明细表制作

构件明细表的制作，这里以门明细表为例，要求包含类型标记、宽度、高度、合计，并计算总数。明细表输出结果整洁美观。

（1）进入到明细表的制作页面，点击"视图"/"明细表"/"明细表/数量"。如图 4.4-1 所示。

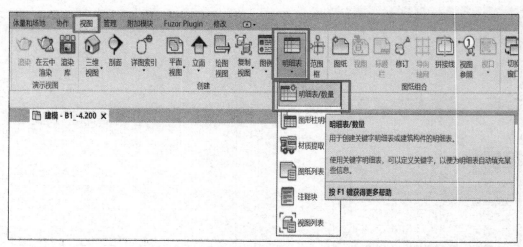

图 4.4-1　进入明细表制作页面

（2）在明细表制作的第一个页面中将过滤器列表勾选为"建筑"，将类别选为"门"，明细表名称用系统默认的"门明细表"即可，如名称不同，可以自行修改，然后点击"确定"。如图4.4-2所示。

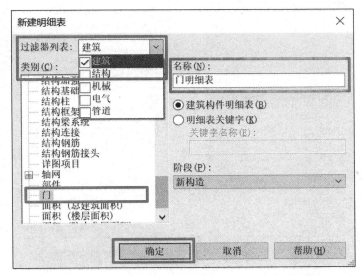

构件明细表制作

图 4.4-2　选择门明细表

（3）进入明细表属性界面后，根据需要的关键字，在可用的字段中选择。比如第一个字段要求为类型标记，在可用字段中找到并双击"族与类型"，则该字段会进入到右侧明细表字段空白框中。如图4.4-3和图4.4-4所示。

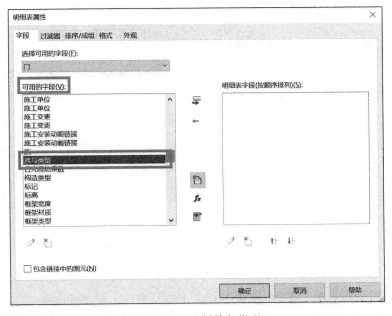

图 4.4-3　选择族与类型

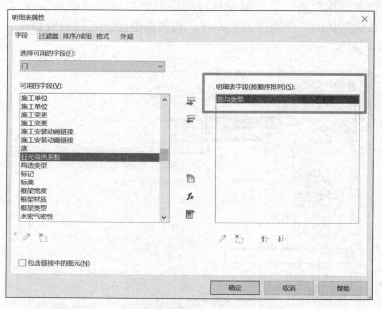

图 4.4-4　族与类型字段进入明细表字段空白框中

（4）宽度、高度与合计字段的操作方法与第（3）步一致，重复第（3）步，直至所有关键字段都进入到右侧明细表字段空白框中，然后点击"确定"即可。如图 4.4-5 所示。

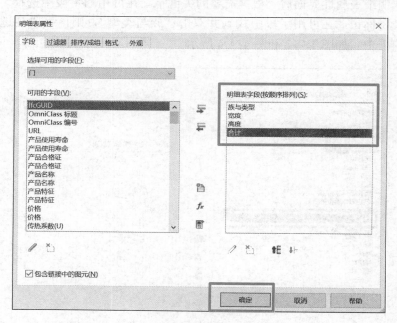

图 4.4-5　所有关键字段进入明细表字段空白框中

（5）完成上述步骤后，门明细表就会自动生成。但是，整个明细表存在诸多问题，比如在关键字段与门构件数据之间存在灰色空行，族与类型字段中存在严重的重复现象，合计数量均为 1，所以需要对明细表做进一步调整。如图 4.4-6 所示。

<门明细表>

A	B	C	D
族与类型	宽度	高度	合计
BM_金属双扇平开防火门: FM甲1221_1200 x 2100mm	1200	2100	1
BM_金属双扇平开防火门: FM甲1221_1200 x 2100mm	1200	2100	1
BM_金属双扇平开防火门: FM甲1221_1200 x 2100mm	1200	2100	1
BM_金属单扇平开防火门: FM甲1021_1000 x 2100mm	1000	2100	1
BM_金属单扇平开防火门: FM甲0921_900 x 2100mm	900	2100	1
密闭门: HHFM1220(6)_1200 x 2000 mm	1200	2000	1
密闭门: HHFM1220(6)_1200 x 2000 mm	1200	2000	1
BM_金属单扇平开防火门: FM甲0921_900 x 2100mm	900	2100	1
BM_金属双扇平开防火门: FM甲1223_1200 x 2300mm	1200	2300	1
BM_金属双扇平开防火门: FM甲1523_1500 x 2300mm	1500	2300	1
BM_金属双扇平开防火门: FM甲1523_1500 x 2300mm	1500	2300	1
BM_金属双扇平开防火门: FM甲1523_1500 x 2300mm	1500	2300	1
BM_金属双扇平开防火门: FM甲1523_1500 x 2300mm	1500	2300	1
BM_金属双扇平开防火门: FM甲1523_1500 x 2300mm	1500	2300	1
BM_金属双扇平开防火门: FM甲1523_1500 x 2300mm	1500	2300	1
BM_金属双扇平开防火门: 甲_1500 x 2100mm	1500	2100	1
BM_金属双扇平开防火门: FM甲1523_1500 x 2300mm	1500	2300	1
BM_金属双扇平开防火门: FM甲1523_1500 x 2300mm	1500	2300	1
BM_金属双扇平开防火门: FM乙1523_1500 x 2300mm	1500	2300	1
BM_金属双扇平开防火门: FM乙1523_1500 x 2300mm	1500	2300	1
BM_金属双扇平开防火门: FM乙1523_1500 x 2300mm	1500	2300	1
BM_金属双扇平开防火门: FM乙1523_1500 x 2300mm	1500	2300	1
BM_金属双扇平开防火门: FM甲1523_1500 x 2300mm	1500	2300	1
BM_金属双扇平开防火门: FM甲1523_1500 x 2300mm	1500	2300	1
BM_金属双扇平开防火门: FM甲1523_1500 x 2300mm	1500	2300	1
BM_金属双扇平开防火门: FM甲1223_1200 x 2300mm	1200	2300	1
BM_金属双扇平开防火门: 乙1523_1500 x 2300mm	1500	2300	1
BM_金属双扇平开防火门: FM乙1523_1500 x 2300mm	1500	2300	1
BM_金属双扇平开防火门: FM乙1223_1200 x 2300mm	1200	2300	1
防护密闭门-双扇: GSFMG6025(6)	5800	2400	1
防护密闭门-双扇: GSFMG7025(6)	7000	2400	1
密闭门: 1200 x 2000 mm	1200	2000	1
密闭门: HK600(5)_600 x 1400 mm	600	1400	1
密闭门: HFM0820(6)_800 x 2000 mm	800	2000	1
密闭门: HHM1220 1200 x 2000 mm	1200	2000	1
密闭门: HFM1520(6)_1500 x 2000 mm	1500	2000	1
密闭门: HM0820_800 x 2000 mm	800	2000	1
密闭门: HM1520_1500 x 2000 mm	1500	2000	1
密闭门: HK600(5)_600 x 1400 mm	600	1400	1
密闭门: HHM1520_1500 x 2000 mm	1500	2000	1
密闭门: HFM0820(6)_800 x 2000 mm	800	2000	1
防护密闭门-双扇: GSFMG6025(6)	5800	2400	1
密闭门: HM0716_700 x 1600 mm	700	1600	1
密闭门: HHFM1220(6)_1200 x 2000 mm	1200	2000	1
密闭门: HHFM1520(6)_1500 x 2000 mm	1500	2000	1

图 4.4-6　门明细表的问题

（6）点击左侧明细表"其他"选项下的"排序/成组"，如图 4.4-7 所示。

（7）在"排序/成组"界面中，将排序方式选为"族与类型"，否则按"宽度"，否则按"高度"。勾选"总计"，选择总计方式为"标题、合计和总数"。取消勾选"逐项列举每个实例"。然后点击"格式"，进入格式界面，如图 4.4-8 所示。此步骤的目的在于让明细表的排序成组更加合理，消除族与类型字段严重重复等相关问题。

（8）在格式界面中，选择"字段"下的"合计"，将右侧的计算方式调整为"计算总数"。然后点击"外观"，进入外观界面，如图 4.4-9 所示。此步骤的目的在于解决合计字段均为 1 的问题。

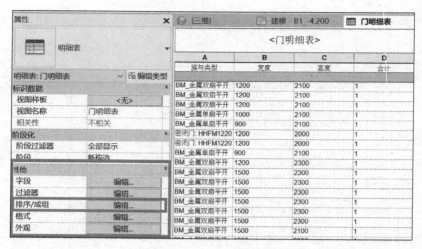

图 4.4-7　修改门明细表

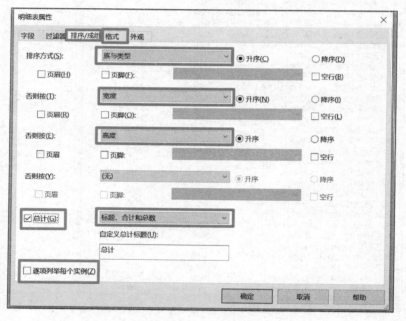

图 4.4-8　排序/成组界面

（9）在外观界面中，取消勾选"数据前的空行"，点击"确定"，如图 4.4-10 所示。此步骤的目的在于消除关键字段与门构件数据之间存在灰色空行的问题。

（10）在完成了上述修改步骤后，正确整洁的门明细表输出完成，如图 4.4-11 所示。

2. 材质明细表制作

建筑其余相关构件明细表的制作流程与门明细表制作流程相似。如果要求统计构件的用料体积等情况，则可以通过材质提取的方式来制作。这里以结构墙材质明细表制作为例。

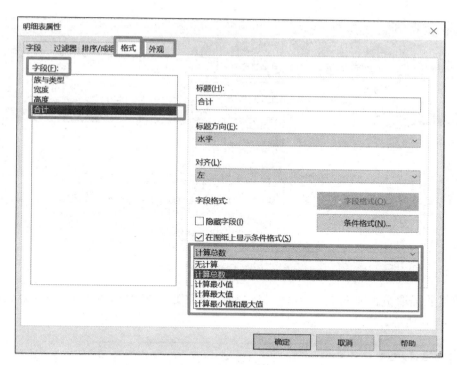

材质明细表制作

图 4.4-9　格式界面

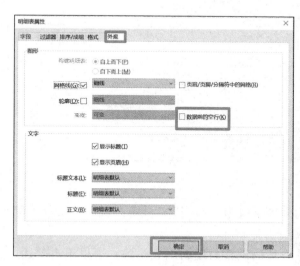

图 4.4-10　外观界面

	门明细表	×

<门明细表>

A	B	C	D
族与类型	宽度	高度	合计
BM_金属单扇平开	900	2100	2
BM_金属单扇平开	1000	2100	1
BM_金属双扇平开	1200	2300	1
BM_金属双扇平开	1500	2300	3
BM_金属双扇平开	1200	2100	3
BM_金属双扇平开	1200	2300	2
BM_金属双扇平开	1500	2300	14
BM_金属双扇平开	1500	2300	1
BM_金属双扇平开	1500	2100	1
密闭门: 1200 x 200	1200	2000	1
密闭门: HFM0820(6	800	2000	2
密闭门: HFM1520(6	1500	2000	1
密闭门: HHFM1220	1200	2000	1
密闭门: HHFM1520	1500	2000	1
密闭门: HHM1220 1	1200	2000	1
密闭门: HHM1520_	1500	2000	1
密闭门: HK600(5)_	600	1400	2
密闭门: HM0716_7	700	1600	1
密闭门: HM0820_8	800	2000	1
密闭门: HM1520_1	1500	2000	1
防护密闭门-双扇: G	5800	2400	2
防护密闭门-双扇: G	7000	2400	1
总计 46			46

图 4.4-11　修改后的门明细表

（1）点击"视图"/"明细表"/"材质提取"，进入新建材质提取页面，如图 4.4-12 所示。

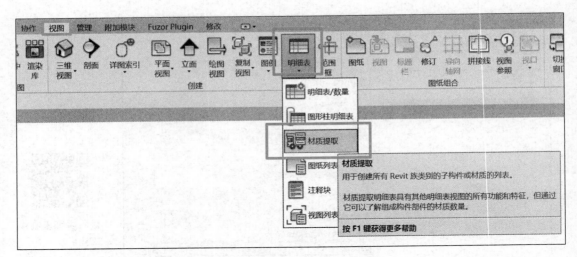

图 4.4-12　进入新建材质提取页面

（2）在新建材质提取页面，将过滤器列表选择为"结构"，类别选择为"墙"，点击"确定"，如图 4.4-13 所示。

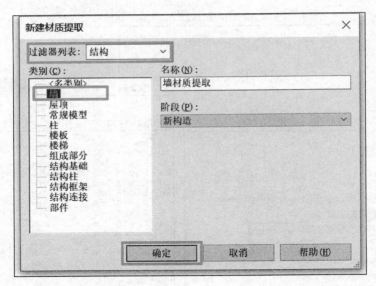

图 4.4-13　材质提取页面的选项

（3）在材质提取属性选择界面，选择明细表字段为"类型""材质：名称"以及"材质：体积"，点击"确定"，如图 4.4-14 所示。

（4）后续对明细表的排序、合计、灰色空行的调整与墙明细表一致，这里不再赘述。最后输出的结构墙材质明细表如图 4.4-15 所示。

3. 明细表导出

在相关建筑明细表制作完成后，有时需要将明细表导出到 EXCEL 表格中。本书中将以已经制作完成的门明细表为例进行明细表导出。

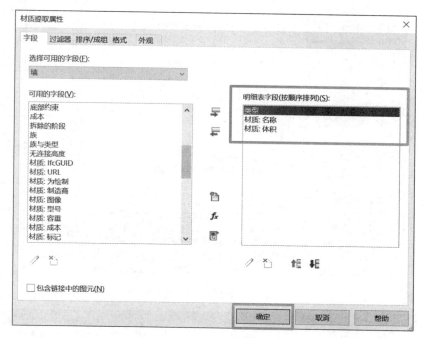

图 4.4-14　明细表字段选择

（1）点击"导出"/"报告"/"明细表"，进入明细表导出界面，如图 4.4-16 所示。

（2）在第一个保存界面中，选择将明细表保存至桌面，文件名为系统默认的"门明细表"即可，文件类型为"分隔符文本"，点击"保存"，如图 4.4-17 所示。

（3）在导出界面中，将明细表外观选项卡下的内容全部勾选，保证导出的明细表格式与 Revit 里原生的明细表一致。在输出选项中选择字段分隔符为"（Tab）"，文字限定符为""""，然后点击"确定"，如图 4.4-18 所示。

（4）在完成导出后，新建 EXCEL 表格，命名为"门明细表"，使用 WPS 打开（本书中以 WPS 软件为例，如使用的为 Microsoft Office，使用类似的功能即可），选择"数据"/"导入数据"/"导入数据"，如图 4.4-19 所示。

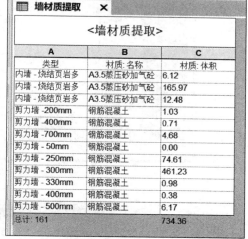

图 4.4-15　完整的结构墙材质明细表

（5）在选择数据源界面，点击"直接打开数据文件"，然后"选择数据源"，导入刚刚导出在桌面的"门明细表 .txt"文件，随后点击"下一步"，如图 4.4-20 所示。接下来的导入对话框全部使用系统默认的设置导入即可。设置全部完成后，门明细表就成功导入到了 EXCEL 表格中，如图 4.4-21 所示。

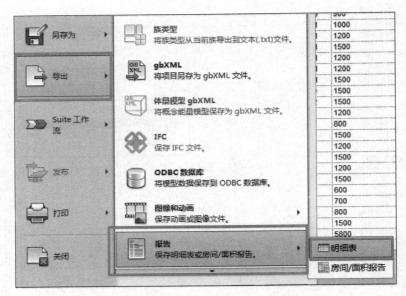

图 4.4-16　进入明细表导出界面

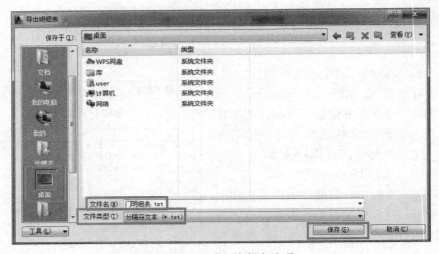

图 4.4-17　明细表保存选项

明细表导出

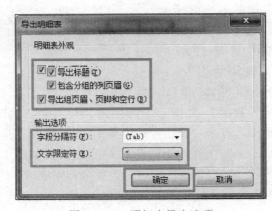

图 4.4-18　明细表导出选项

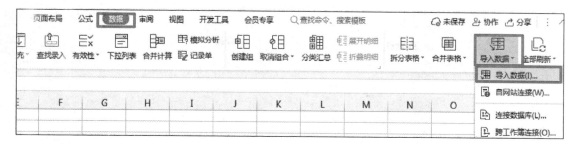

图 4.4-19　WPS 导入数据

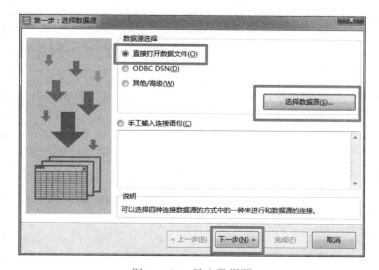

图 4.4-20　导入数据源

A	B	C	D
门明细表			
族与类型	宽度	高度	合计
BM_金属单扇平开防火门: FM甲0921_900 x 2100mm	900	2100	2
BM_金属单扇平开防火门: FM甲1021_1000 x 2100mm	1000	2100	1
BM_金属双扇平开防火门: FM乙1223_1200 x 2300mm	1200	2300	1
BM_金属双扇平开防火门: FM乙1523_1500 x 2300mm	1500	2300	3
BM_金属双扇平开防火门: FM甲1221_1200 x 2100mm	1200	2100	3
BM_金属双扇平开防火门: FM甲1223_1200 x 2300mm	1200	2300	2
BM_金属双扇平开防火门: FM甲1523_1500 x 2300mm	1500	2300	14
BM_金属双扇平开防火门: 乙1523_1500 x 2300mm	1500	2300	1
BM_金属双扇平开防火门: 甲_1500 x 2100mm	1500	2100	1
密闭门: 1200 x 2000 mm	1200	2000	1
密闭门: HFM0820(6)_800 x 2000 mm	800	2000	2
密闭门: HFM1520(6)_1500 x 2000 mm	1500	2000	1
密闭门: HHFM1220(6)_1200 x 2000 mm	1200	2000	3
密闭门: HHFM1520(6)_1500 x 2000 mm	1500	2000	1
密闭门: HHM1220 1200 x 2000 mm	1200	2000	1
密闭门: HHM1520_1500 x 2000 mm	1500	2000	1
密闭门: HK600(5)_600 x 1400 mm	600	1400	2
密闭门: HM0716_700 x 1600 mm	700	1600	1
密闭门: HM0820_800 x 2000 mm	800	2000	1
密闭门: HM1520_1500 x 2000 mm	1500	2000	1
防护密闭门-双扇: GSFMG6025(6)	5800	2400	2
防护密闭门-双扇: GSFMG7025(6)	7000	2400	1

图 4.4-21　门明细表导入为 EXCEL